时节之美

二十四
节气里的中国

時節の美：暦の「節」明書

日汉对照·视频讲诵版

上海广播电视台《中日新视界》 主编

上海交通大学出版社
SHANGHAI JIAO TONG UNIVERSITY PRESS

内容提要

本书脱胎于上海广播电视台日语节目《中日新视界》里的中华传统文化板块《节气里的中国》，面向国内广大的日语学习爱好者及对中国文化感兴趣的国内外读者。本书采用日汉对照的形式编写，按照二十四节气的顺序编排，每个节气均由节气由来、相关诗词、节气三候、节气传说、习俗及美食、养生小知识等板块构成。书中所附视频均来自《中日新视界》节目，供读者从文字及画面两个角度，深入领略历久弥坚的中国节气文化之美，在理解当代中国的同时，提高日汉双语的表达水平。

图书在版编目 (CIP) 数据

时节之美：二十四节气里的中国：视频讲诵版：
日汉对照 / 上海广播电视台《中日新视界》主编 . —上
海：上海交通大学出版社，2023.9
ISBN 978-7-313-28918-6

Ⅰ.①时… Ⅱ.①上… Ⅲ.①二十四节气 – 普及读物
– 日、汉 Ⅳ.① P462-49

中国国家版本馆 CIP 数据核字 (2023) 第 109275 号

时节之美：二十四节气里的中国（日汉对照·视频讲诵版）
SHIJIE ZHI MEI: ERSHISI JIEQI LI DE ZHONGGUO (RIHAN DUIZHAO · SHIPIN JIANGSONG BAN)

主　　编：上海广播电视台《中日新视界》
出版发行：上海交通大学出版社　　　地　　址：上海市番禺路951号
邮政编码：200030　　　　　　　　　电　　话：021-64071208
印　　刷：上海文浩包装科技有限公司　经　　销：全国新华书店
开　　本：880mm×1230mm　1/32　　印　　张：6.5
字　　数：200千字
版　　次：2023年9月第1版　　　　　印　　次：2023年9月第1次印刷
书　　号：ISBN 978-7-313-28918-6
定　　价：78.00元

编委会名单

主　　编：吴茜　陶秋石

副 主 编：李琳　沈林

日 语 审 核：[日]永岛雅子

编委会成员：杨佳　周化达　邵瑛里

時節の美 春

立春
雨水
惊蛰
春分
清明
谷雨

時節の美 夏

/ 立夏
/ 小満
/ 芒种
/ 夏至
/ 小暑
/ 大暑

時節の美 秋

立秋
处暑
白露
秋分
寒露
霜降

時節の美 冬

/ 立冬
/ 小雪
/ 大雪
/ 冬至
/ 小寒
/ 大寒

序一

中国是世界非物质文化遗产二十四节气的发源地和申报国。二十四节气的根脉在中国，有着深厚的文化底蕴。它是远古以来，中国人与自然关系实践中创立的独特的时间文化体系。其理念、神韵和科学品质的美学表达，为国人数千年农业生产和民族的生存与发展做出了极大的贡献。它是中华文明绵延传承的生动见证，对于中华民族的文化认同和国家凝聚力，具有极为重要的历史和现实意义。二十四节气是中华优秀传统文化的典范，也是全人类共同的、珍贵的文化财富，在国际上，被誉为"中国的第五大发明"。

那么，到底什么是二十四节气呢？

简单来说，它是农历历法的补充。众所周知，中国的传统年历是农历。在农业生产萌生发展的实践中，我们的祖先观天察地，按照天文、物候、气象、农事现象的变化，逐步将地球绕太阳一圈的太阳年，

结合农时周期，进行七十二候二十四段的划分：五日为候，三候为气，六气为时，四时为岁，一岁为二十四气。在漫长的历史长河中，历代又结合天文、历法，对农历不断修正、不断补充，至两千多年前的汉初，最终形成每个节气与今天"二十四节气"同名的农事农时体系，用来指导每个阶段的生产活动。

这一体系告诫我们要按照气候变化的规律和农作物生长的节律，顺时耕作。比如，二十四节气的名称都和气候的物象相连：立春春暖花开，立夏炎热难耐，立秋遍地金黄，立冬大雪纷飞。在安徽省淮河流域，至今仍传唱着这样的谚语："立春天气暖，雨水粪送完。惊蛰多栽树，春分犁不闲。清明点瓜豆，谷雨要种棉……"数千年来，生活在神州大地的华夏先民没有今天的日历，照样可以根据节气的指导，把生产活动安排得如此妥帖，其中蕴含的中华文化富有成效的实践性和地方性的知识和智慧，着实让人惊叹！

两千多年后的今天，二十四节气所蕴含的优秀的中国传统文化知

识智慧，对我们的日常生活仍保持着深远影响。其一，它告诉我们凡事要顺应天时。比如，日出而作，日落而息，对身体健康大有裨益。不同时节，该吃不同的食物。比如说到了清明，上海人大多爱吃螺蛳。因为清明过后，螺蛳开始多子，就不怎么美味了。若从物种延续的角度来讲，螺蛳多子时确实不该多吃，万万不能"赶尽杀绝"。鱼类、春笋等食物的食用也是如此。其二，树立了天道人生观，这是全人类绝无仅有的。节气是天道，也是人道。人活一口"气"，既是节气，又是志气。类似"富贵不能淫，贫贱不能移，威武不能屈"和"鞠躬尽瘁，死而后已"等历史名言和气节人格，早被国人视为一种高尚的行为准则。经过世代培养和弘扬，成为支撑中华民族不畏强暴、敢于斗争、生生不息、爱国自强、善于复兴的灵魂和脊梁。

2023 年，时值《中日和平友好条约》缔结 45 周年之际，很高兴看到，上海广播电视台融媒体中心的《中日新视界》栏目，能够精心制作《节气里的中国》系列板块并整理成书，成为面向当代年轻人科

普节气、推广节气的新颖途径。还有，沪上各大、中院校的 24 位日语教师也纷纷加入其中，生动讲解了节气的由来与习俗，梳理了相关物候的中日差异，让两国读者和观众更为全面地读懂二十四节气——这一中华民族传承已久的智慧瑰宝。

衷心希望包括日本朋友在内的中外友人都能通过本书，领略历久弥新的节气之美，感知中国文化的无穷魅力。

陈勤建

华东师范大学终身教授

国家级非遗评审专家

上海市非遗保护工作专家委员会副主任

序二

　　日本人は、古来より四季そして季節感を尊ぶと言われる。また、農耕社会の発展とも相まって、二十四節気は日本の社会と文化に深く根付いており、立春、夏至等の用語は今でも自然に使われている。我々は二十四節気が中国に由来し、これが農業に役立てられていたと知っている。しかし、現代社会において、具体的な内容等を学んでいる人は少ないと思う。私自身も、もし自分の子供から「なぜ立春は『春が立つ』というのか」等問われた場合、恥ずかしながら答えに窮するだろう。本著は、そうした知識の空白に加え、各時節に関する周辺知識まで埋めてくれる、言うなれば「痒いところに手が届く」一冊だ。例えば、各時節毎に、関連する民話、詩歌、伝統料理のレシピ等が散りばめられ、折に触れ頁をめくりたくなる。しかも日本語が併記されているので、中国語又は日本語の教材としても活用可能だ。

　　本著が、日中双方の多くの方々に読んでいただければ幸いである。

日本人自古以来就十分尊崇四季与季节感。随着农耕社会的发展，二十四节气深深地扎根于日本社会与文化之中，诸如立春、夏至等用语至今仍被普遍使用。众所周知，二十四节气起源于中国，对古代农业的发展起到了至关重要的作用。然而，在日本当今社会，或许很少有人会去了解其中的具体内容。我本人同样如此，若是被孩子问到"春季开始之日，为何要叫'立春'呢"等类似问题，可能也会难以回答吧。所幸，本书不仅填补了这些知识空白，还巧妙地普及了各个时节的相关知识，颇具实用价值。比如，在介绍每个节气的章节里都能看到民间传说、古诗、传统菜肴烹饪法等多元内容，让人时不时想拿在手里翻阅一番。同时，由于本书采用中日双语对照的形式编写，亦可作为学习中文或日语的教材使用。

　　愿本书被中日两国更多的读者朋友欣赏阅读，我们将不胜荣幸。

米田麻衣

日本国驻上海总领事馆新闻文化部长

春

目录

夏

時節の美

春

立春——二月春风似剪刀
りっしゅん

「立春」とは？ | 何谓"立春"？

　　「立」は中国語で「始まる」という意味で、立春とは「春の始まり」を意味する。

　　立春は、毎年大体2月4日で、気温、日照、降水量ともに上昇しやすく、あらゆるものが徐々に蘇っていく時期であり、土の中から芽を出す草や柳の若芽などから春を感じることができる。

　　"立"在汉语中是开始的意思，立春则代表着春天的开始。

　　立春通常于每年2月4日前后交节。立春期间，气温、日照、降雨都呈现上升和增多的趋势，万物开始有了复苏的迹象，我们可以从泥土中呼之欲出的小草，以及柳条上探出头来的嫩芽，找寻到一份春天的气息。

漢詩を読もう｜一起读古诗

柳を題材に多くの詩を書いた唐の詩人・賀知章は、その軽やかな春の気分を詠んだ。

唐代诗人贺知章写了不少以柳为题材的古诗，将淡淡春意化为文字，尽情吟诵。

柳を詠ず	咏柳
〔唐〕賀知章	〔唐〕贺知章
碧玉粧い成て一樹高し	碧玉妆成一树高，
万条垂下す緑絲條	万条垂下绿丝绦。
知らず細葉誰か裁ち出だす	不知细叶谁裁出，
二月の春風剪刀に似たり	二月春风似剪刀。

立春三候 | 立春三候

三候	中国	日本
初候 / 一候	东风解冻	東風解凍 （はるかぜこおりをとく）
次候 / 二候	蛰虫始振	黄鶯睍睆 （うぐいすなく）
末候 / 三候	鱼陟负冰	魚上氷 （うおこおりをいずる）

　詩の最後は、「浅い二月の風はハサミのように鋭い」と書いて、二月の風は、柳の葉を切り裂くハサミのように鋭く冷たいことを表現している。

　冷たい春の風は、中国語で「東風解凍」と呼ばれ、「春風が吹いて氷が解ける」という意味になる。初候の「東風」とは「春風」のことだ。中国中部の平原は、モンスーン気候のため、春になると東や南東から風が吹いてくる。一方、古くは「東」は季節の「春」を連想させることが多かったので、昔から詩歌でも春風を「東風」と表現することが多い。

　そして、次候は「蟄虫始振」だ。「冬眠していた虫たちが目覚めて動き出し」という意味だ。末候は「魚陟負冰」で、河に張っていた厚い氷が解け、魚たちが氷のかけらを背中に乗せている」という意味だ。

ちなみに、6 世紀ごろ二十四節気も七十二候も、中国から日本に渡ったが、気候の違いから日本は独自の七十二候になっている。例えば、日本では、立春の次候と末候が中国と異なる。次候は「黄鶯睍睆」で、ウグイスがホーホケキョと鳴き始めた時が春の訪れだ。末候は「魚氷上」と呼ばれ、「魚陟負冰」の古い言い方だ。

また、立春になると、冬が終わり、春耕が始まる。「一年の計は春にあり」と言われるように、農家では農作準備のために色んな仕事がある。

　　这首诗的最后一句"二月春风似剪刀"，将二月的春风比作一把灵巧的剪刀，生动地展现了春风为柳树裁剪出嫩绿柳芽的景象。

　　立春三候里的初候"东风解冻"意为春天来了，东风送暖，大地开始解冻。这里的"东风"指的就是春风。中国中部平原地区季风气候显著，春天时，季风从东面或东南面吹来。因此，在古代，人们通常会把"东"这个方位词与"春"这个季节联系在一起。在许多古诗词中，春风也常被称作"东风"。

　　二候"蛰虫始振"意为蛰居的虫类在洞中慢慢苏醒。三候"鱼陟负冰"意为河面上厚厚的冰开始融化，水面上浮着没有溶解的碎冰，鱼儿就像背负着碎冰在游动一般。

　　值得一提的是，公元 6 世纪，二十四节气和七十二候都传入了日本，不过日本根据气候差异做了相应调整，形成了自己独特的七十二候。以立春为例，二候和三候都和中国不同，二候变成了"黄莺初啼"，以黄莺美丽的叫声来预示春天的到来。三候为"鱼上冰"，正是"鱼

陟负冰"的古称。

立春时节，寒冬已尽，春耕劳作也陆续开始。正所谓"一年之计在于春"，农家在为新一年的耕作做着各种准备。

春耕の言い伝え | 春耕传说

秦以前、東夷族の首領 少昊は民を黄河下流域に導き、遊牧から農業を学ぶよう求め、息子の句芒に託した。春の始まりの日、句芒は田植えの準備のために皆に土を耕すように命じた。

しかし、牛はまだ眠っていたため、句芒は土で偽物の牛を作らせ、その土の牛を鞭で打った。鞭の音で目を覚ました本物の牛は、寝ている仲間が鞭打たれているのを見て、すぐに起きて仕事に取り掛かった。適した時に耕作を始めたことで、その年は豊作になり、それまで遊牧で生計を立てていた人たちも喜んで農業を始めた。

先秦时期，东夷族首领少昊率民迁居黄河下游，要求大家从游牧改学农业，并将此事托付给他的儿子句芒。在冬尽春来的这一天，句芒下令大家一起翻土犁田，准备播种。

然而，犁田的老牛却仍在冬歇当中。句芒让大家捏制了一个"泥牛"，并用鞭子对其抽打。被鞭响声惊醒的老牛，看见伏在地上睡觉的同类正在挨打，吓得站起身来，乖乖下地干活去了。由于按时耕作，当年获得了好收成，原先以游牧为生的人们都乐于从事农业了。

立春の風習 | 立春习俗

　この伝説に基づいて、立春は耕作開始を告げる日として使われるようになった。また、土で作った牛を鞭打つ習慣も受け継がれ、後に中国語で「鞭春牛」と呼ばれるようになった。「鞭春牛」は農作業の始まりを象徴するだけでなく、豊作を願う気持ちも込められている。

　このほか、立春にはさまざまな風習がある。中でも「咬春」は、代表的なものの一つだ。北方では大根を食べて、南方では春餅を食べると言われている。春餅は具を包んでそのまま食べるが、上海の春餅は油で揚げる。作り方は少し違うが、味はどちらもおいしい。

　　基于这个古老传说，民间都以立春这一日作为春耕开始的标志，同时，鞭打泥牛这个习俗也被传承了下来，称为"鞭春牛"。这一习俗活动不仅象征着新一年农事活动的开始，也体现了人们对五谷丰登的美好期盼。

　　此外，立春还有许多其他习俗，"咬春"便是其中较有代表性的一个。北方的"咬春"是啃萝卜，而在南方则是吃春饼。传统的春饼是将菜卷起来直接吃，而上海的春饼（又称春卷）则需经过油炸。虽然做法有些许不同，但味道同样美味。

旬の味 · 上海の春餅 │节气美食 · 上海春卷

必要な食材 │所需食材

春巻きの皮 3 枚、ニンジン 1 本、干し椎茸 5 枚、ニラ 1 束、豚の
ひき肉 100g、塩と醤油適量

春卷皮 3 张，胡萝卜 1 根，干香菇 5 个，韭菜 1 束，肉末 100 克，
盐和酱油适量

作り方 │做法

ニラは洗って食べやすい大きさに切り、ニンジンは千切りにし、
干し椎茸は水でもどして小さいサイコロ状に切る。ひき肉を炒め、
干し椎茸、ニラ、ニンジンも入れて炒め合わせ、塩、醤油で味を
調える。冷めたら春巻きの皮で包み、フライパンで揚げ焼きにして、
両面に軽く焼き色がついたら出来上がり。

韭菜洗净切段，胡萝卜切成丝，干香菇泡发后切成小丁。起锅放
入肉末，煸炒出油后，再加香菇、韭菜、胡萝卜丝一起翻炒，同时放
入适量的盐和酱油。（待食材全部熟透后盛入碗中，）放凉后，用春卷
皮包起来，放入锅中油炸，两面略微焦黄即可出锅。

豆知識 | 小知识

立春は肝臓を整えるのに良い季節だ。新鮮な野菜や果物を多く摂り、屋外運動を増やし、気分をゆったりとさせることで、肝臓の熱が過剰になるのを防ぎ、気が増えるのを助ける。立春は、草木だけでなく、私達人間にとっても、その年を健康に過ごす始まりの季節だ。

立春时节，重在养肝。可以多吃一些新鲜蔬菜和水果，适当增加户外运动，保持心情舒畅。这样既能防止肝火过剩，又利于阳气生长。由此看来，立春对草木和人而言，都是一年里健康生活的新起点。

雨水——天街小雨润如酥
うすい

「雨水」とは？ | 何谓"雨水"？

　　毎年太陽暦の２月１９日前後で、気温が徐々に上がり、雨が頻繁
に降る頃が「雨水」の始まりと言われる。

　　その時、江南地区の大部分は早春を迎え、アブラナの花、アンズ
の花、スモモの花が咲き始める。農家は種をより分けたり、土を耕
したり、肥料をまいたりして、田打ちの準備を始める。

　　毎年２月１９日前后，气温回升，雨水渐增，就到了雨水节气。

　　此时，江南的大部分地区已是一幅早春景象，菜花、杏花、李花
次第盛开，农户们陆续开始选种、培土、施肥，为春耕做着准备。

漢詩を読もう ｜一起读古诗

草木が芽吹き、大地がまるで蘇ったように見えることから、唐の詩人・韓愈は、雨水の時期を「一年で最も美しい時」と称えた。

雨水时节，大地回春，田野青青。唐代诗人韩愈将雨水时期称为“一年中最美的时节”。

初春小雨
〔唐〕韓愈

天街の小雨潤すこと酥の如し
草色遙かに看るも近づけば却って無し
最も是れ一年春の良き処
絶えて勝る煙柳の皇都に満つるに

初春小雨
〔唐〕韩愈

天街小雨润如酥，
草色遥看近却无。
最是一年春好处，
绝胜烟柳满皇都。

雨水三候 │ 雨水三候

三候 / 国家	中国	日本
初候 / 一候	獭祭鱼	土脉潤起 （つちのしょううるおいおこる）
次候 / 二候	雁北归	霞始靆 （かすみはじめてたなびく）
末候 / 三候	草木萌动	草木萌動 （そうもくめばえいずる）

　詩に書いてある小雨、草、柳はいずれも早春によく見られるものだが、中国古代の歴史文献『逸周書』の中では、雨水の特徴を次の「三候」に纏めている。中国語では「一候獭祭鱼、二候雁北归、三候草木萌动」。雨水になると、気温が上がって氷がだんだん融け、魚が泳げるようになる。それを見た川獺は狩りを再開するが、銜えた魚をそのまま丸呑みにするのではなく、川辺にずらりと並べ、ゆっくり食べていく。まるで御先祖様に供えているかのようなので、初候は「獭祭鱼」、つまり、川獺が魚を獲る祭りという季節の言葉になった。次候の「雁北归」は文字通りに、気温の変化に敏感な渡り鳥・雁が南方から北方に飛んでくる意味だ。そして、末候の「草木萌动」は、草と木が芽吹き、万物が小雨に恵まれながら、すくすく成長するという意味だ。

　一方、日本の場合、雨水の「三候」は「土脉潤起」「霞

始蟄」「草木萌動」となり、初候と次候が異なる。同じ三候でも、なぜ内容が異なるかというと、中国と日本は時代も位置も気候もだいぶ違うため、同じ季節でも川獺の狩猟より土の潤い、雁の代わりに山々にたなびく霞を見たのは不思議ではない。ただ、末候の「草木萌動」は同じことから、雨が大地を潤し、植物が芽を出すという雨水は中日両国の農家にとって、変わりなく歓迎する良い時期だと分かる。

　　诗里提到的小雨、绿草、杨柳，都是早春的自然现象，中国古代历史文献汇编《逸周书》中，将雨水的特点归纳为"三候"。一候獭祭鱼，二候雁北归，三候草木萌动。随着雨水节气来临，温度上升，河流解冻。游鱼浮出水面后，水獭便开始捕猎。有趣的是，水獭捕获鱼儿后，并非在水中吞食，而是放到岸边依次排列，就像祭祀一般，故一候有"獭祭鱼"之说。所谓"雁北归"，从字面意思即可得知，对气温变化较为敏感的候鸟大雁从南方飞回北方。而"草木萌动"是说草木逐渐抽出嫩芽，万物在小雨的润泽中，呈现一片欣欣向荣的景象。

　　日本的雨水三候则为"一候土地润、二候薄雾升、三候草木萌动"，前两候有所差异。同样是三候，之所以有所不同，是因为中国和日本在时代、地理位置、气候上都不尽相同。即便是相同季节，一个看水獭，一个踩湿土；一个观大雁，一个赏薄雾也就理所当然了。至于三候"草木萌动"相同，则说明雨水滋润万物、草木萌出嫩芽，对两国的农户而言，都是"当春乃发生"的香饽饽。

補天餅の言い伝え | 补天饼的传说

　約４５００年前の上古時代、共工と顓頊は炎黄部落のトップリーダーの座を争って戦った。結局、共工が敗れ、とても怒った共工は、天を支える柱を叩いて倒した。柱が倒れた時、天に長い傷をつけ、天上の水が人間界に流れてきて大洪水になった。水が雨のように空から降り注いだことから、その日を「雨水」と名づけた。村を守ろうと、人々は丸い煎餅を作って赤い糸で綴り、屋根の上へ投げることにした。神話上の女神・女媧に頼んで、無数の煎餅を天の長い傷に貼ってもらい、やっと水漏れを防ぐことに成功した。

　　距今约4,500年的上古时代，先祖共工与颛顼为了争夺炎黄部落的首领而战。最终共工落败，一怒之下撞倒了支撑天盖的柱子。柱子倒塌时，在天上划破了一道口子，导致天水倾泻而下，人间从此洪水泛滥。天水像雨一般从空中倾泻而下，于是有了"雨水"之名。为了守护村落，家家户户做起煎饼，穿上红线后扔到屋顶，再由神话中的女神——女娲将无数的煎饼贴到天空的裂缝处，成功地防止了天水倒灌人间。

雨水の風習 |雨水习俗

　　この「煎餅で天を補う」という伝説は、西漢の淮南王・劉安と、その家来が作った哲学著書『淮南子』に載っている。その後、中国・山西省や陝西省などの北方地方と客家地方で代々伝わり、今も雨水に「補天餅」を作って食べる伝統行事がある。長い雨の日に雨漏りがないようにとの願いが込められている。

　　雨水の期間中、つまり2月の中下旬は天候がよく変わり、朝晩の気温差が激しいため、厚着を勧め、湿気を取り除くことにも気を付ける。特に、湿気が脾臓と胃に入るのを防ぐことが大事だ。その時期に一番相応しい養生食品は棗と白キクラゲのお粥だ。

　　"一枚煎饼补天穿"是西汉淮南王刘安及其门客所著《淮南子》中所记载的一则神话故事。由于流传甚广，时至今日，山西、陕西等北方地区及客家人中，仍保留着雨水时节制作和品尝"补天饼"的习惯，祈愿"雨水之日，屋无穿漏"。

　　雨水期间，也就是2月中下旬，因天气变化无常，昼夜温差较大，不仅要懂得"春捂"，还应注意祛风除湿，以免湿邪之气损伤脾胃。最应景的养生食品，当属红枣银耳粥。

旬の味・棗と白キクラゲのお粥 | 节气美食·红枣银耳粥

必要な食材 / 所需食材

玄米 500g、白キクラゲ 10g、棗 5 個、氷砂糖 50g

> 糙米 500 克，银耳 10 克，红枣 5 个，冰糖 50 克

作り方 / 做法

白キクラゲを約 30 分水に浸し、固い部分を摘んで柔らかい身の部分だけ残す。棗は真ん中から切って種を取り除く。1L の水に玄米を入れる。お湯が沸いたら棗と白キクラゲを入れる。とろ火で 20 分ほど煮て、スープにとろみがでたら氷砂糖を入れる。さらに 5 分間ぐらいゆっくりかき混ぜて出来上がり。

> 银耳用水泡发，摘取蒂头，只保留柔软部分。红枣从中间切开，去核。取清水 1000 毫升，倒入糙米。待水烧开后，加入红枣和银耳，用小火焖煮 20 分钟。煮至米粥汤变稠后，加入冰糖，搅拌 5 分钟后即可出锅。

豆知識 | 小知识

漢方では雨水はちょうど初春で、肝臓の機能が増して脾臓が弱くなるので、すっぱい物を避けて、甘い物を食べたほうが健康に良いそうだ。棗と白キクラゲのほか、中国ではサトウキビ、蜂蜜などをよく食べる。日本なら、愛媛県の名物・いよかんなどが旬の食べ物だ。季節の食べ物を取り入れて湿気から脾臓を守ろう。

中医认为，雨水节气正值初春，肝旺而脾弱，饮食上宜少酸多甜。除了红枣、银耳外，中国的应季甜食有甘蔗、蜂蜜等，日本则有爱媛县的特产伊予柑，这些应季食物都能起到调补脾胃之功效。

惊蛰——一雷微雨众卉新
けい ちつ

「啓蟄」とは？ | 何谓"惊蛰"？

　　啓蟄は毎年３月５日か６日の頃で、「啓」は「開く」「蟄」は
「虫などが土の中に隠れ閉じこもる」という意味で、「啓蟄」は
「冬籠りの虫が這い出る」という意味だ。太陽が当たって雪解けが
進み、土の中も暖かくなって虫たちが春を感じて動き出しはじめる
のだ。

　　惊蛰一般在每年的３月５日或６日。"惊"指"惊醒"，"蛰"指"虫
类蛰伏在土中"。所以，"惊蛰"的意思就是春雷惊醒蛰伏于地下冬
眠的虫子。太阳当头，冰雪消融，泥土渐暖，虫儿们感受到春天的气息，
开始活动了。

漢詩を読もう | 一起读古诗

　唐の詩人・韋応物も啓蟄を一歩ずつ春に近づいていることの 現れ
とし、『観田家』という漢詩を作った。

　唐代诗人韦应物也认为惊蛰是春天逐渐来临的表现，创作了《观
田家》这首诗。

観田家（一部）	观田家（节选）
〔唐〕韋応物	〔唐〕韦应物
微雨 衆 卉新たに	微雨众卉新，
一雷驚蟄始まる	一雷惊蛰始。
田家幾日か閑なる	田家几日闲，
耕種此れ従り起こる	耕种从此起。

啓蟄三候 | 惊蛰三候

三候／国家	中国	日本
初候／一候	桃始华	蟄虫啓戸 （すごもりむしとをひらく）
次候／二候	仓庚鸣	桃始笑 （ももはじめてさく）
末候／三候	鹰化为鸠	菜虫化蝶 （なむしちょうとなる）

　暦上では啓蟄の 2 つ前の節気「立春」が春の始まりだが、虫が動きはじめるという意味をもつ啓蟄は、私達が肌で感じられる春の始まりかもしれない。雷と虫のほか、中国語では「一候桃始华、二候仓庚鸣、三候鹰化为鸠」という三つの候がある。

　つまり「桃始華」とは、桃の花が咲き始める時期を言う。ひと冬の静寂を経て春風が再び大地に吹き、蕾を膨らませ始めた桃の木は春雨を浴び、花を咲かせ始める。中国では、桃の花は春の象徴だけでなく、愛のシンボルでもある。『詩経』には「桃之夭夭，灼灼其华。之子于归，宜其室家」など、数多くの漢詩に書かれた。花と言えば、実は上海市の花「白玉蘭」も啓蟄の頃に咲き始める。

　次の「倉庚鳴」は、ウグイスが鳴き、伴侶を探し始める意味だ。鶯の鳴き声については唐の詩人、杜甫が有名な詩句「两个黄鹂鸣翠柳，一行白鷺上青天」を詠んだ。ウグイスの習性は雄と雌の鳥

が共に生活して共に飛び、鳴き声もとても耳に心地よいため、夫婦
円満の 象 徴 とされている。

　最後の「鷹化為鳩」は、鷹が鳩、すなわちカッコウに変わるとい
うのは、この時期、空には鷹の 姿 が見えなくなり、その代わりにカッ
コウが枝で鳴いているので、古人の目には「 麗 かな春の陽気のせい
で獰猛な鷹がカッコウに変わった」ように映ったのだ。獰猛な鷹が
うららかな春の陽気のために、カッコウに変わったという意味だ。
また、 中 国では「 畑 の耕作はカッコウの鳴き声から始まる」とい
う言い方もある。この時期、夜明けに響くカッコウのさえずりは、
農家たちに早く 畑 に行くように 促 したのだろう。

　日本では啓蟄の三候が少し変わり、「蟄虫啓戸」は巣篭もりの虫
戸を開く、「桃始笑」は桃初めて咲く、そして「菜虫化蝶」は菜虫
蝶 となるという三つになっている。中 国でも日本でも同じなのは、
啓蟄になると雨が多くなることだ。

　　虽然，从节气上来说，比惊蛰早两个节气的"立春"标志
着春天的开始，但昆虫苏醒的惊蛰让我们能切身感受到春天的
来临。除了打雷和昆虫之外，中国还有"一候桃始华、二候仓庚鸣、
三候鹰化为鸠"三种节气特征。

　　"桃始华"是指桃花开放的时期。经过一个冬天的沉寂，春风再
次吹向大地。桃树沐浴着春雨鼓起花蕾，逐渐开花。在中国，桃花不
仅是春天的象征，还是爱情的象征。《诗经》中就有很多的记载："桃
之夭夭，灼灼其华。之子于归，宜其室家。"说到花，上海市的市花

白玉兰也在惊蛰时节开放。

二候"仓庚鸣"指的是黄鹂开始鸣叫，寻找伴侣。黄鹂的鸣叫还被唐朝诗人杜甫写入诗中："两个黄鹂鸣翠柳，一行白鹭上青天。"黄鹂的习性是雄鸟与雌鸟共居共飞，被视为"婚姻美满"的象征。

三候"鹰化为鸠"是老鹰"变"为布谷鸟的意思。此时，空中看不到老鹰的影子，取而代之的是布谷鸟在枝头鸣叫，所以古人认为"凶猛的老鹰因阳光明媚而变身成了布谷鸟"。另外，在中国还有"布谷声声催耕"的说法。布谷鸟的叫声就好像是在催促着农家们赶快去田里耕种。

在日本，惊蛰的三候稍有不同，一候"蛰虫启户"意为蛰伏的虫儿纷纷出洞，二候"桃始笑"意为桃花开始盛开，三候则变为"菜虫化蝶"，意为幼虫化茧成蝶。在中日两国，惊蛰时期的共同特征就是雨水变多了。

龍王降雨の言い伝え | 龙王降雨的传说

　昔、陝西関中地区はひどい日照りで田んぼが乾いて地が裂けてしまった。人々は毎日、神様に雨ごいした。そこで、玉皇大帝は雨を降らせるように東海龍王の孫に命じたが、その孫の龍は川に入ると雨を降らせることを忘れてしまった。

　そこで、ある村に住んでいた水生という青年は、川の水をかき混ぜて龍を川から釣り出すと、たちまち雲が立ちこめ、雷を伴った激しい雨が降り始めた。

很久以前，陕西关中地区大旱，旱田干裂。当地的人们每天都向神明祈求下雨。于是，玉皇大帝命令东海龙王的孙子前去播雨。结果，小龙一跃入水就忘了播雨一事。

村里有一个叫水生的青年听闻此事，找来一根降龙棍搅动河水。把龙从河里引出来的瞬间，天空立刻乌云密布，雷声大作，下起了雷雨。

啓蟄の風習 | 惊蛰习俗

その 雷 は「虫出しの 雷 」とも言い、立春後の初めての 雷 を指す。「虫出しの 雷 」は害虫をも目覚めさせてしまうため、啓蟄になると「掃虫」といった虫除けの伝統行事がある。また、その時期、広東では農民は啓蟄に白い虎を祭って、蛇や虫やネズミやアリに農作物が害を受けないように祈る。

その他、梨を食べる習慣もある。中国語で「梨」は別れの意味を持つ「離」と同じ発音のため、啓蟄に梨を食べるのは、天候の変わりやすい春に害虫を遠くに追いやり、病気から離れるために願う。

この時期にぴったりの食べ物は、簡単に作れる梨のデザートだ。

これ个雷也叫"出虫之雷"，通常指的是立春后的第一声雷。不过，"出虫之雷"也会唤醒害虫。所以，中国一些地方在惊蛰时节有除虫的传统习俗。此时，广东的农民会祭拜白虎，祈求庄稼免遭蛇、虫、鼠、

蚁之害。

此外，民间还有惊蛰吃梨的习俗。汉语中"梨"与有着分别之意的"离"发音相同，惊蛰吃梨蕴含了在天气多变的春天远离害虫、远离疾病的美好祝愿。所以，简单易做的冰糖炖雪梨很适合作为惊蛰的节气美食。

旬の味・梨のデザート | 节气美食·冰糖炖雪梨

必要な食材 / 所需食材

梨 1 個、氷砂糖約 30g、水 60ml

梨 1 个，冰糖 30g，清水 60ml

作り方 / 做法

まず、梨を水洗いして皮をむく。そして、梨を半分に切り、種を取り出して 1cm の厚さに切る。鍋に梨、氷砂糖を入れ、梨が浸る程度の水を入れ、弱火で約 15 分間じっくり煮込む。梨が柔らかく透明になったら出来上がり。このデザートは、肺を潤して熱を鎮める効果がある。

先将洗净的梨去皮，切成两半，去除果核。接着，将梨切成 1 厘米厚的薄片。再将切好的梨和冰糖放入锅中，加入冰糖后小火慢炖约 15 分钟。待梨肉变软、变透明后即可出锅。冰糖炖雪梨具有润肺清热的功效。

豆知識 ｜小知识

　漢方から見ると、啓蟄の頃は気温差が大きくなり、「肝」の 働 き
を助ける「滋陰補血」が、この時期の養 生 のポイントだ。食べ物で、
体 に水分、血液をしっかりと 補 っていこう。

　　从中医角度来看，惊蛰期间温差较大，"滋阴补血"是这个时期

养生的重点，有助于肝脏的运作。不妨通过养生食物给身体补补水分，

活活血。

春分——梦里花落知多少
しゅん ぶん

「春分」とは？／何谓"春分"？

　　春分は 3 月 20 日前後で、「分」は中国語で「一つのものが二つのものに分かれる」という意味だ。この日は太陽が赤道上にあり、地球上どこにいても、昼と夜の長さが同じだ。そのため、中国古代には、この日を「春分」「日夜分」と呼んだ。また、伝統的な春は「立春」から「立夏」までの期間で、春分の日は春の 3 か月の真ん中にあるので、「春分」は「春の中間の日」を意味する。

　　春分通常在每年 3 月 20 日前后。"分"本意为一分为二，指在春分这天，太阳直射在赤道之上，地球各地的昼夜时间相等。所以在古代，"春分"也有"日夜分"之称。另外，传统上以立春至立夏为

春季，"春分"日正值春季三个月的中间，因此，"春分"中的"分"也有"平分春季"的意思。

漢詩を読もう｜一起读古诗

　　春分の日、ほとんどの地域は本格的な春を迎える。しかし、時々の春雨で、枝に付いたつぼみや花びらが落ちてしまう。これを『春暁』という詩に証した。

　　春分时节，中国大部分地区都已经进入了真正的春天。不过，时不时的春雨，打落了枝头上的花蕾和花瓣。此情此景，有《春晓》一诗为证。

春 暁 〔唐〕孟浩然	春晓 〔唐〕孟浩然
春眠暁を覚えず 処処啼鳥を聞く 夜来風雨の声 花落つること知んぬ多少ぞ	春眠不觉晓， 处处闻啼鸟。 夜来风雨声， 花落知多少。

春分三候 | 春分三候

三候 / 国家	中国	日本
初候 / 一候	玄鸟至	雀始巣 （すずめはじめてすくう）
次候 / 二候	雷乃发声	桜始開 （さくらはじめてひらく）
末候 / 三候	始电	雷乃発声 （かみなりすなわちこえをはっす）

　　春分を迎えると、雨の量が増えるだけでなく、南から渡り鳥が飛来するため、作者には鳥の声が聞こえた。これは中国の春分の初候「玄鳥至」だ。『詩経・商頌』によると、「玄鳥」とはツバメのことだ。ツバメの体は黒いので、中国語で黒の意味の「玄」を取って命名された。

　　春分には、あと二つの候がある。次候は「雷乃発声」と呼ばれ、「春雷が鳴る」という意味だ。末候は「始電」と呼ばれ、「春の光が輝く」という意味だ。

　　しかし、中国から渡った二十四節気を使う日本では、春分の三候は少し異なる。例えば、日本で初候は「雀始巣」で、「雀が巣を作り始める」ことを候にした。次候は「桜始開」で、桜のつぼみがほころび始めるという情景を描いている。そして、中国の次候は日本で末候になった。

　　「春の雨は暖かく、その後に畑を耕す」という言葉がある。

<ruby>春<rt>しゅん</rt></ruby><ruby>分<rt>ぶん</rt></ruby>が<ruby>近<rt>ちか</rt></ruby>づくと<ruby>春<rt>はる</rt></ruby>の<ruby>農作<rt>のうさく</rt></ruby>が<ruby>行<rt>おこな</rt></ruby>われ、<ruby>畑<rt>はたけ</rt></ruby>は<ruby>賑<rt>にぎ</rt></ruby>やかになる。しかし、<ruby>昔<rt>むかし</rt></ruby>は<ruby>春<rt>はる</rt></ruby>の<ruby>農作<rt>のうさく</rt></ruby>を<ruby>進<rt>すす</rt></ruby>めるのに<ruby>炎帝<rt>えんてい</rt></ruby>は<ruby>少<rt>すこ</rt></ruby>し<ruby>手間<rt>てま</rt></ruby>どったようだ。

春分至，不仅雨水渐多，候鸟也相继从南方飞来，这也正是诗人为何能听见鸟鸣声的原因。同时，这一现象也对应了春分三候中的一候"玄鸟至"。根据《诗经·商颂》记载，"玄鸟"指的是燕子。燕子通体乌黑，而"玄"字正是黑色之意，故被称为"玄鸟"。

春分还有另外两个物候现象，分别是二候"雷乃发声"和三候"始电"。"雷乃发声"指的是下雨时天空中打雷的现象。"始电"则指在打雷的同时，还有闪电伴随着落下，春光闪耀。

不过，在吸纳了中国二十四节气历法的邻国日本，春分时期的物候现象则有些许不同。例如，一候由"玄鸟至"变成了"雀始巢"，二候则变成了"樱始开"，描述樱花绽放时的情景。至于中国的二候，在日本则变为了第三候。

俗话说，"一场春雨一场暖，春雨过后忙耕田"。时至春分，春耕、春种也即将进入一个繁忙阶段，田地里一派忙碌的景象。不过，相传上古时期，为了能够顺利春耕，炎帝似乎还花费了一番工夫。

太陽を運ぶ言い伝え | 搬太阳的传说

昔、人々は食糧不足に困っていた。炎帝という神が天に種を求めて植えたが、豊作にはならなかった。原因を探ってみると、太陽が眠っていて光が不足しているためだと分かった。春分の日に、誰かが五色の鳥に乗って蓬莱島に行き、太陽を戻す必要がある。食糧が育つ環境を整えるために、炎帝は春分の日に蓬莱島を目指し、太陽を起こし、太陽を持ち帰った。それから、この土地は豊かな作物に恵まれ、人々はみな幸せになった。

> 上古时期，因为缺乏粮食，到处都在闹饥荒，炎帝便向上天求得种子。但人们把种子种下去后，发现并没有好的收成。查询原因，得知是因为天上的太阳偷懒睡觉，大地缺乏光照，需要有人在春分这天，骑上五色鸟，到蓬莱岛把太阳找回来。为了让农作物有更好的生长坏境，炎帝便在春分这天，前往蓬莱岛把太阳唤醒，并将其带了回来。从此，大地五谷丰登，万民安乐。

春分の風習 | 春分习俗

人々は炎帝に感謝し、毎年「太陽祭」を開くようになった。また、炎帝が鳥の背に立った姿と同じように、春分の日は卵が立つこ

とを発見し、いつしか「卵を立てる遊び」がこの時期の風習として各地に広がっていった。

この風習は海外にも広がった。遊び方はとても簡単だ。なめらかで均勢のとれた新鮮な卵を選び、テーブルの上に立てればいいのだ。

遊びだけではなく、春分には食事に関するさまざまな風習がある。中でも代表的なのは「春野菜」を食べることだ。「春野菜」は、春分の日に採れる山菜だ。昔は魚と一緒にスープにして煮込み、「春のスープ」と呼ばれた。作り方は少し複雑なので、この時期に、「春のスープ」よりも簡単で栄養のある「煮込み大根」のほうが人気がある。

出于对炎帝的感激，民间每年都举行"太阳节"。后来，人们甚至发现连鸡蛋也可以在春分这天"站立"起来，就像炎帝站立在鸟背上的样子一样。久而久之，这一时期的习俗——竖蛋游戏就在各地流传开来。

据说这个习俗还传到了国外，玩法也十分简单有趣。选择一个光滑匀称的新鲜鸡蛋，想办法在桌子上将其竖起即可。

除了"竖蛋游戏"外，春分还有许多与吃有关的习俗，其中最具代表性的便是"吃春菜"。"春菜"指的是一种野菜，每逢春分那天，人们都会去采摘，并将其与鱼片一起煮汤，名曰"春汤"。因其做法较为复杂，此时，民间更爱烧煮做法更简单且营养不输"春汤"的"清炖萝卜汤"。

旬の味 · 煮込み大根 | 节气美食 · 清炖萝卜汤

必要な食材 / 所需食材

大根 1 本、生姜 1 かけ、ネギ少々、水と塩と食用油適量

白萝卜 1 根，姜 1 片，葱少许，水、食盐、食用油适量

作り方 / 做法

まず、大根の皮を剥いて食べやすい大きさに切り、ネギと生姜はみじん切りにする。鍋に適量の水を入れ、用意した材料と油を少々入れて煮る。大根が透明または半透明になるまで火が通ったら塩を加え、よく混ぜて皿に盛る。

首先，将萝卜去皮切块，再将葱、姜切碎。在锅中加入适量清水，将准备好的食材放入锅中，并加入少许食用油，开始炖煮。待萝卜煮至透明或半透明状态时，加入少许盐，搅拌后盛出。

豆知識｜小知识

大根を食べると元気が出る。春の健康管理に最も適した野菜は大根だ。

また、春分は「寒の戻り」が起こりやすいので、風邪などを予防して、健康な一年を過ごせるようにしよう。

吃萝卜可以让人精神振奋。春季养生保健的各种蔬菜中，效果最好的当属萝卜。

另外，春分时节常常出现"倒春寒"的现象。因此，日常生活中要预防伤风感冒，为一年的健康打下良好的基础。

清明——清明时节雨纷纷
せい めい

「清明」とは？｜ 何谓“清明”？

　清明は毎年、太陽暦の４月４日か５日から始まり、「万物が成長していくこの時、もの皆清らかで明るく、綺麗である」ところから、古書『歳時百問』で「清明」と名づけたそうだ。

　農業にとって、清明はとても重要な節気で、稲の他、カボチャ、ヘチマ、ゴーヤ、ササゲ、枝豆、隠元豆など、各種類の瓜作物と豆作物が植えられるようになるので、「清明前后、点瓜种豆」という諺がある。

　庶民の間では、清明は墓参りの時期で、お墓に供物をして先祖を偲んだり、家族でピクニックに出かけたりするのが昔からの風習だ。

清明始于每年 4 月 4 日或 5 日左右，因"万物生长此时，皆清洁而明净"，古书《岁时百问》中，将其命名为"清明"。

对农业而言，清明是个重要节气。除了水稻外，南瓜、丝瓜、苦瓜、豇豆、毛豆、四季豆等，各类瓜豆都可播种，素有"清明前后，点瓜种豆"一说。

到了民间，清明则是祭祖时节，给先祖扫墓祭拜或举家出游踏青，是自古传承至今的习俗。

漢詩を読もう｜一起读古诗

約 1000 年前のこの時期、唐の詩人・杜牧は一人旅の道中、大雨に降られ、『清明』という詩に記したのは寂しい気持ちばかりだった。

1000 多年前的清明，独自出游的唐代诗人杜牧因途中遇上细雨纷纷，以至作诗《清明》，徒留寂寥的心境。

清明 〔唐〕杜牧 清明の時節 雨紛々 路上の行人 魂を断たんと欲す 借問す 酒家 何れの処にか有る 牧童 遥かに指す 杏花の村	清明 〔唐〕杜牧 清明时节雨纷纷， 路上行人欲断魂。 借问酒家何处有， 牧童遥指杏花村。

清明三候 ┃清明三候

三候／国家	中国	日本
初候／一候	桐始华	玄鳥至 （つばめきたる）
次候／二候	田鼠化为鴽	鴻雁北 （こうがんかえる）
末候／三候	虹始见	虹始見 （にじはじめてあらわる）

　杜牧の目に映った清明はすこし陰鬱だったが、この節気は味気ない毎日が続くわけではない。先人が纏めた清明の「三候」を見れば、分かるはずだ。

　中国語では「一候桐始华、二候田鼠化为鴽、三候虹始见」。つまり、清明になると気温が徐々に上がり、桐の木が 紫 色の花を咲かせる。これが初候の「桐始华」だ。次候の「田鼠化为鴽」は、陰を好む野 鼠 が鳥になったという意味ではなく、野 鼠 は穴に隠れて鳥などが動き始め、本格的な春と農耕シーズンの 訪 れを比喩している。末候の「虹始见」は、春になると空気が 潤 ってきて、虹がよく見られるようになるという意味だが、この末候だけは日本のと同じだ。

　初候と次候は日本の場合、「玄鳥至」と「鴻雁北」に変わり、いずれも渡り鳥の様子で 表 現している。つまり、冬の 間 、暖 かい東南アジアの島々で過ごしていたつばめが海を渡って日本にやってくるのに対し、寒い冬を日本で凌いだ雁は北のシベリアへ帰ってい

く<ruby>時<rt>じき</rt></ruby>期が<ruby>二十四節気<rt>にじゅうしせっき</rt></ruby>・<ruby>清明<rt>せいめい</rt></ruby>だと<ruby>認識<rt>にんしき</rt></ruby>されたのだ。

その<ruby>頃<rt>ころ</rt></ruby>、<ruby>日本<rt>にほん</rt></ruby>ではイチゴやアパラガスが<ruby>旬<rt>しゅん</rt></ruby>を<ruby>迎<rt>むか</rt></ruby>えるが、<ruby>中国人<rt>ちゅうごくじん</rt></ruby>にとって、こし<ruby>餡<rt>あん</rt></ruby>の<ruby>青<rt>あお</rt></ruby>い<ruby>団子<rt>だんご</rt></ruby>・<ruby>青団<rt>チンタン</rt></ruby>が<ruby>旬<rt>しゅん</rt></ruby>の<ruby>味<rt>あじ</rt></ruby>だ。<ruby>青団<rt>チンタン</rt></ruby>を<ruby>食<rt>た</rt></ruby>べる<ruby>習慣<rt>しゅうかん</rt></ruby>は<ruby>約<rt>やく</rt></ruby>１７０<ruby>年前<rt>ねんまえ</rt></ruby>の<ruby>清代<rt>しんだい</rt></ruby>に<ruby>遡<rt>さかのぼ</rt></ruby>る。

　　杜牧眼中的清明略显惆怅，但清明节气并非日日阴郁。关于这点，从清明三候中便可窥之一二。

　　一候"桐始华"，二候"田鼠化为鴑"，三候"虹始见"。进入清明节气后，逐渐升温，桐树开出紫色花朵，此为一候"桐始华"。二候"田鼠化为鴑"，并非田鼠变为鸟之意，而是田鼠钻进洞中，鸟雀等开始活动，预示农耕季节的到来。三候"虹始见"说的是春回大地，空气湿润，时常能够看见彩虹。此候和日本的三候相同。

　　日本的一候、二候则变为"玄鸟至"和"鸿雁北"，借候鸟迁徙加以表现。在温暖的东南亚岛屿过冬的燕子，跨洋过海飞回日本。而在日本过冬的大雁，则成群结队返回西伯利亚。在日本人眼中，这就是清明时节。

　　清明期间，日本人会吃柑橘和芦笋，中国人则有吃青团的习惯。关于青团的由来，还要追溯到约170年前的清朝。

青団の言い伝え / 青团的传说

清代中後期、封建統治と海外侵略と戦う農民武装蜂起・太平天国の乱が起きた。

朝廷に指名手配された重要幹部・陳太平は山奥に逃げて姿をくらました。彼を餓死させようと、近くの村では検問を設置し、村人が彼に食べ物を渡すのを防ごうとした。ヨモギを踏んで滑ったある村人は、手も足も青く染まったことから、ヨモギの汁を絞って糯米と混ぜて、青い団子を握るアイディアを考え出した。その団子を草と一緒にかごに入れて山へ運んだ。団子を食べた陳太平は元気を取り戻し、清明節の夜中に大本営に戻った。

その後、清明の頃に青い団子・青団を食べる習慣が広がり、代々伝わってきた。

清朝中后期，为推翻封建统治，抵御外国侵略，太平天国运动爆发。

太平军得力干将陈太平因被清兵追捕，逃入山中躲藏。为了将其饿死，官府在附近村庄设岗，防止村民私带食物投喂陈太平。心急如焚的某个村民踩到艾草后滑倒，手脚都被染成了青色，于是将艾草煮烂挤汁，和糯米混合后做成青色团子，和青草一同放入篮子中带进山里。吃了团子的陈太平体力得以恢复，趁着清明之夜重返大本营。

之后，清明吃青团的习俗由此流传开来。

清明の風習 / 清明习俗

青団のほか、中国の清明に相応しい食べ物は、あと二つある。

一つは水産物のタニシだ。タニシは春から初夏が産卵期で一番美味しい。浙江省の人々は、食べ残ったタニシの殻を屋上に投げて音でネズミを払うと同時に、毛虫はサザエの殻を巣として住み込み、人を刺さなくなるので一石二鳥だった。

旬の味、もう一つは野菜のコヨナメだ。ビタミンたっぷりで、解熱解毒と新陳代謝の効果がある。しかも料理方法は簡単で、料理が苦手な人でも手軽に作れる。

除了青团外，中国的清明时节还有两大应季食物。

其一是水产品螺蛳。春末夏初的螺蛳迎来产卵期，口感最佳。浙江人吃完螺蛳后，还会将壳抛上屋顶。据说，声音能吓跑老鼠，还能让毛毛虫钻进壳里做窝，不再出来蜇人，可谓一举两得。

另一种应季食物是马兰头。马兰头富含维生素，具有清热解毒和促进新陈代谢的功效。而且，烹饪方法非常简单，不擅长做饭的人也能轻松上手。

旬の味・コヨナメジュース ｜节气美食·马兰头汁

必要な食材 / 所需食材

ニンジン 1 本、コヨナメ 300g、塩と砂糖 少 々

胡萝卜 1 根，马兰头 300 克，盐、砂糖少许

作り方 / 做法

まず、ニンジンとコヨナメを洗う。そして、ニンジンを 5 センチほどに薄く切る。鍋に入れて、柔らかくなるまで煮る。すこし塩を入れてコヨナメを入れる。塩でコヨナメの苦さを取り除く。最後に、コヨナメとニンジン、砂糖と水をジューサーに入れて 3 0 秒ほど攪拌する。冷たいジュースが苦手な人なら、絞る前にお湯を入れよう。10 分間も経たないうちに健康に良いコヨナメ・ジュースが出来上がる。

先洗净胡萝卜和马兰头，再将胡萝卜切成 5 厘米左右的薄片，放入锅中煮至酥烂。锅内加入少许食盐，再将马兰头倒入，用盐水去除菜叶的涩味。最后，将马兰头和胡萝卜放入榨汁机，添加少许砂糖和清水后榨汁，30 秒即可。如果怕凉，榨汁时不妨倒入热水。不到 10 分钟，有益健康的马兰头汁就做好了。

豆知識 | 小知识

漢方では清明節の頃は湿気が多くて、慢性の病気が発症しがちだとされる。そのため、タニシやコヨナメをはじめ涼性の食べ物、いわば「寒食」を少し多めに食べると体に良い。ガチョウの肉、落花生、韮、クログワイ、梨などもお勧めだ。

これは先人が清明期間中に火を通さない冷たい料理を食べる「寒食節」を設けた最大の理由かもしれない。

中医认为，清明时节较为潮湿，属慢性病多发期。所以，多吃螺蛳、马兰头等凉性食物，对人体有益。鹅肉、花生、韭菜、荸荠、生梨等也推荐食用。

或许，这就是古人在清明期间设置"寒食节"，推崇多吃冷食的最大理由吧。

谷雨——杨花落尽子规啼
こくう

「穀雨」とは？ ｜ 何谓"谷雨"？

穀雨とは、春の雨が全ての穀物を潤すという意味で、清明から15日目、新暦では4月21日ごろに当たる。

穀雨の頃は、ますます暖かくなり、降水も増えてくる。花が咲き、木々が茂り、生気が溢れる。特に農業を営む人にとっては、この時期に種まきをすると、植物の成長に欠かせない雨に恵まれる。中国南部では気温が上がり雨も多くなる。

　　谷雨指的是"春天的雨水滋润了谷物"，一般在清明节气，后的第15天，从阳历4月21日左右开始。

　　谷雨时节，天气越来越暖和，降水也随之增多。花开万千，树木繁茂，一派生机盎然的景象。特别是对于农民来说，在这个时期播种，有利

于谷类植物的生长。尤其是在中国南部，谷雨时节气温上升，雨量充沛。

漢詩を読もう｜一起读古诗

唐の詩人・李白は、この時期ならではの風景を『王昌齢が龍標に左遷せらるるを聞き遙かに此の寄有り』という詩にしたためた。

唐代诗人李白在《闻王昌龄左迁龙标遥有此寄》这首诗中，描述了春夏交接之际的景象。

王昌齢が龍標に左遷せらるるを
聞き遙かに此の寄有り
〔唐〕李白

楊花落ち盡くして子規啼く
聞道く龍標五溪を過ぐと
我愁心を寄せて明月に與ふ
風に隨ひて直ちに到れ夜郎の西

闻王昌龄左迁龙标
遥有此寄
〔唐〕李白

杨花落尽子规啼，
闻道龙标过五溪。
我寄愁心与明月，
随风直到夜郎西。

穀雨三候 ｜ 谷雨三候

三候／国家	中国	日本
初候／一候	萍始生	葭始生 （あしはじめてしょうず）
次候／二候	鳴鳩拂其羽	霜止出苗 （しもやんでなえいずる）
末候／三候	戴胜降于桑	牡丹華 （ぼたんはなさく）

　中国では穀雨の三候を「萍始生、鳴鳩払其羽、戴勝降于桑」とい
う三つに区分した。

　初候の「萍始生」は、湿地帯に芽生える浮草が生え始めることだ。
浮草は水田や池などの淡水に生え、分裂を繰り返して、すぐに増えて
いく。日本の初候は「葭始生」と言われる。葭も湿地帯に根を張
る植物だ。

　次候の「鳴鳩払其羽」だが、鳴鳩はカッコウのことで、カッコウが
羽ばたいていることを指す。カッコウは、寒さを感じると羽を膨ら
ませて動かなくなる。しかし、春先になってポカポカと陽気な日が
続くと、カッコウは羽繕いを始める。一方、日本では、穀雨の次候
は「霜止出苗」という。この4文字を、霜、止、出、苗に分けて
考えると理解しやすくなる。「霜が止み、苗が生長する頃」となる。
いよいよ春も終盤に近づき、初夏を迎える季節になると度々、降り
ていた霜もなくなり、稲の苗が生長する時期を迎えるという意味だ。

　そして、最後の末候「戴勝降于桑」とは、ヤツガシラが桑の木に現れることを意味している。ヤツガシラは蚕の餌である桑の木の害虫を食べ、その恩恵があって桑はますます生長する。一方、日本の末候は「牡丹華」だ。この時期は牡丹が堂々とした大輪の花を開花させる頃だ。

　　中国的谷雨节气分为三候，分别为"萍始生、鸣鸠拂其羽、戴胜降于桑"。

　　一候"萍始生"是指在湿地萌生的浮萍开始生长。浮萍在水田、池塘的水面生长，不断繁殖，数量可观。在日本，一候则被称为"葭始生"。"葭"即芦苇，也是扎根在湿地的植物。

　　二候"鸣鸠拂其羽"里的"鸣鸠"是指布谷鸟，描绘的是布谷鸟抖动羽毛的场景。布谷鸟感到寒冷时，会鼓起翅膀一动不动。但是到了春季，布谷鸟沐浴和煦阳光后，就开始整理羽毛。在日本，谷雨二候被称为"霜止出苗"。如果把这四个字分成霜、止、出、苗来看，就容易理解了，即"霜停苗长之时"。春日将尽，迎来初夏时节，下的霜消失不见，秧苗迎来生长期。

中国的三候"戴胜降于桑"是指戴胜鸟飞落在桑树上。戴胜鸟专吃桑树上的害虫，桑树受其恩惠，生长得越来越好。在日本，谷雨三候被称为"牡丹华"，此时正是牡丹大朵盛开的时候。

倉頡造字の言い伝え｜ 仓颉造字的传说

穀雨の由来は、漢字を発明したとされる古代中国の伝説上の人物、倉頡に深く関わっている。

人類が誕生して以来、人々には統一した文字がなかったという。そこで黄帝のとき、史官の倉頡に文字を作るように命じた。それから、倉頡は一日中、鳥や獣の足跡を観察して、一心に字を作り始めた。

玉帝大帝はこれを知り、その精神に感動し、倉頡を称えることにした。倉頡にどんなご褒美がほしいかと聞くと、倉頡は穀物を贈って、天下の民を養ってほしいと答えた。次の日、晴れた空から穀物の粒がまるで雨のように降ってきた。やがて、野は穀物の粒であふれ、人々は喜びながら穀物を拾い、倉頡と上天に感謝した。倉頡がこの玉帝からの褒美について黄帝に報告すると、黄帝は倉頡が常に民のことを心掛けることに感動し、この日を祝日にした。この日が現在の穀雨節だ。

谷雨的由来与中国古代传说中的汉字发明者仓颉大有关联。

传说人类诞生初期，并没有统一的文字。所以黄帝时期，命令史官仓颉造字。于是，仓颉整天观察飞禽走兽的足迹，专心造字。玉皇

大帝知晓此事后，被仓颉的精神所感动，决定奖赏仓颉。当他派人问仓颉想要什么奖赏时，仓颉却说希望赐他谷物，用来养活天下百姓。第二天，谷物粒像雨一般从天而降。不久之后，原野上满是谷物，人们高兴地拾起谷物，向仓颉和上天表示感谢。仓颉向皇帝报告了此事，黄帝被他心系百姓的精神感动，把这天定为节日，也就是现在的谷雨节。

穀雨の風習 ｜ 谷雨习俗

　　今日に至るまで毎年、穀雨節には陝西省にある倉頡廟で盛大な祭祀が行われる。また、山東省の漁村も穀雨になると、春節に劣らない賑わいだ。地理的に恵まれているお陰で、穀雨のころになると暖かくなり、あらゆる魚やエビが岸辺に向かって上ってくる。沿岸の漁民は「穀雨には百魚が岸に上る」と言う。漁民は「穀雨」のこの日に伝統的な海の神の祭りを行い、豊かな海産物の恵みを海の神に感謝し、日々の豊漁を願い、神様の加護と厄除けを願う。穀雨を過ぎると、漁民は船出して魚を捕り始める。

　　穀雨の頃は、気温が上がり、人の肌が緩み、眠くなり、体が疲れやすくなる。そこで、体の免疫力を高める香椿の料理がこの時期にぴったりだ。

　　时至今日，每年谷雨节，陕西省的仓颉庙都会举行盛大的祭祀活动。另外，山东省的渔村一到谷雨时节，热闹程度不输春节。因地理

位置优越，每到这个时节，所有的鱼虾都会涌向岸边，渔民将其称为"谷雨百鱼上岸"。渔民在谷雨这天会举行祭海神的仪式，用丰厚的海产品向海神表示感谢，祈愿捕鱼丰登，祈求神灵护佑，祛除厄运。谷雨过后，渔民就开始出船捕鱼了。

不过，谷雨时节随着气温升高，人体皮肤和睡眠都会受到影响，容易犯困，感到疲劳。因此，能提高身体免疫力的香椿正适合这个时节食用。

旬の味・香椿の和えもの | 节气美食·凉拌香椿

必要な食材 / 所需食材

香椿1束（200g程度）、塩1小さじ、煎りごまとごま油大さじ1/2

香椿1束（约200克），1小勺盐，熟芝麻，芝麻油大半勺

作り方 / 做法

まずは、鍋に湯を沸かし、塩を1小さじ入れて、香椿を1〜2分茹でる。そして、茹でたあと、冷水で香椿を冷やす。ボウルに茹でた香椿を入れ、塩、ごま油を入れて和え、最後にごまをふりかけて、簡単な香椿の和えものができあがる。

先用锅烧开水，放入 1 小勺盐。将香椿放入锅中，煮 1～2 分钟。捞出后用冷水浸泡。盛入碗中，加入盐和芝麻油拌匀，最后撒上熟芝麻，一道简单的凉拌香椿就做好了。

豆知識｜小知识

香椿は木の上に生長する野菜とも呼ばれ、毎年春に発芽し、穀雨の前後が旬の野菜だ。この時の香椿はまろやかな香りになり、さわやかで栄養価値が高くて、「穀雨の香椿は糸のように柔らかい」と言われる。

また、穀雨になると、漢方では人の寝起きや仕事と休息は日の出と日没に合わせるのがよいとする。この時、睡眠を調整し早寝早起きをすることが春の養生にきわめて重要だ。寝る前の30分は心を鎮めて、お湯（40度から45度）で足を暖め、一日の疲労を取り除いて寝つきをよくしよう。

香椿也被称为"生长在树上的蔬菜"，每年春天发芽，谷雨前后是食用香椿的最佳时期。此时的香椿醇香爽口，营养价值颇高，有"谷雨香椿嫩如丝"之说。

中医认为，每到谷雨时节，人们的起居应与日出日落相配合。调整睡眠、早睡早起对春季养生来说极为重要。睡前 30 分钟心要静，用 40～50 度的温水泡脚，可以消除一天的疲劳，有助于睡眠。

時節の美

夏

/ 立夏

/ 小満

/ 芒种

/ 夏至

/ 小暑

/ 大暑

立夏——满架蔷薇一院香
りっか

「立夏」とは？｜ 何谓"立夏"？

　立夏は毎年5月5日から7日までの間で、「夏の始まり」を意味するが、「春の終わり」の意味もある。そのため、「春の終わりの日」とも呼ばれる。

　そして、「立夏」は、あらゆるものが成長を迎える大切な時期でもある。強い雷雨があったり、気温が大きく上がったりするので、日照と温度、雨と植物の成長に必要な条件が揃う。そのため、「立夏は万物が栄える」とも言われる。

　　立夏在每年的5月5日至7日之间，代表着夏天的开始，也代表春天的结束，因此又称"春尽日"。

　　同时，立夏也是万物迎来蓬勃生长的一个重要时期。由于立夏时

节气温明显升高，并伴有较强的雷雨天气，充足的光照和适宜的温度，以及充沛的雨水给植物生长提供了充足的条件。于是就有了"万物繁茂，始于立夏"的说法。

漢詩を読もう｜一起读古诗

唐の詩人・高駢は、初夏の季節、花と樹の変化を詠んだ。

唐代诗人高骈，曾写下脍炙人口的诗句，表现了进入立夏后，花草万物所发生的变化。

<table>
<tr>
<td>

山亭夏日

〔唐〕高駢

緑樹陰濃かにして夏日長し
楼台影倒にして池塘に入る
水晶の簾動いて微風起こり
一架の薔薇満院香し

</td>
<td>

山亭夏日

〔唐〕高骈

绿树阴浓夏日长，

楼台倒影入池塘。

水晶帘动微风起，

满架蔷薇一院香。

</td>
</tr>
</table>

立夏三候 ┃ 立夏三候

三候／国家	中国	日本
初候／一候	蝼蝈鸣	蛙始鳴 （かわずはじめてなく）
次候／二候	蚯蚓出	蚯蚓出 （みみずいずる）
末候／三候	王瓜生	竹笋生 （たけのこしょうず）

　「立夏」は夏の一番目の節気だが、この詩の「緑樹陰濃夏日長」は、中国南部で感じることができる。ほかの地域はまだ春だ。それでも、目立たない所で夏が訪れていて、畑でモグラコオロギが鳴いたり、土からミミズが這い出したりと、夏は近づいている。

　これは「立夏」の初候と次候に対応している。それぞれ「一候蝼蝈鳴」「二候蚯蚓出」だ。そして、三候は「王瓜生」で、「カラスウリが赤くなる」という意味だ。カラスウリは薬用植物で、果実、種子、根などは薬になる。解熱や解毒の作用がある。

　一方、日本では、カエルが鳴き始めると夏の訪れを感じる。まさに「蛙始鳴」が日本の立夏の初候だ。末候も中国とは異なる。日本の末候は「竹笋生」だ。「竹林でタケノコが頭を出す」という意味で、タケノコが生えてくることで夏の気配を感じとっている。

　「立夏」は、あらゆるものが成長するが、様々な病気が多発する時期でもある。特に中国語で「疰夏」という病気がある。

　　立夏虽是进入夏季的第一个节气，但诗中所描写的"绿树阴浓夏日长"的景象，其实仅存在于中国南部，其他地区此时仍然处于春季当中。不过，即便如此，我们仍然可以从一些不起眼的地方，感受到夏天的脚步正在临近，比如，蝼蝈在田间鸣叫，蚯蚓开始在田间掘土等。

　　同时，上述现象也正是立夏时节物候现象中的两候，分别是"一候蝼蝈鸣"和"二候蚯蚓出"。立夏的第三候则为"王瓜生"，意味着"王瓜变红"。"王瓜"是药用植物，其果实、种子、根茎均可药用，有清热化瘀的功效。

　　而日本，则以青蛙开始聒噪来预示夏日来临。所以，立夏的第一候被称为"蛙始鸣"。另一个不同则在第三候，日本的第三候为"竹笋生"，意为竹笋从林中探出头来。随着竹笋逐渐探出土壤，夏天的感觉渐渐浓了起来。

　　立夏时节，万物都开始进入旺盛的生长期，人体的新陈代谢也开始加快，因此，要注意预防"疰夏"症状的出现。

卵をさげる言い伝え｜挂蛋的传说

　　昔、ある悪い神がいて、毎年、立夏の頃になると人間の世界にやってきて、子供たちを悩ませていた。そのため、人々は女媧の寺に行き、子孫を守ってくれるように頼んだ。そこで女媧は悪い神の所に行き、子供達を困らせるのを止めるように説得した。すると、女媧を恐れたその悪い神は「女媧の子である限り、困らせない」と約束した。女媧は「首から卵の袋を下げている子供は私の子だ」と言った。

翌年の立夏、その悪い神は再び人間界に降りてきたが、子供たちは皆、卵の袋を下げていた。悪い神は何もできず、ついには姿を消して死んでしまった。

相传，早先天上有个凶恶的神灵，每年立夏时节都会下界作祟，以孩童为目标下手。为保平安，许多人到女娲庙烧香磕头，求她保佑子嗣后代。女娲得知此事后，便去找恶神灵说理。恶神灵知道女娲法力无边，不敢跟她作对，便说只要是女娲的嫡亲孩童，就不再加害。女娲听后笑道："只要这名孩儿的衣襟前挂着一只蛋袋，就是我的嫡亲孩童。"

第二年的立夏，恶神灵再次下界，但见到的所有孩子胸前都有个蛋袋。恶神灵什么什么也不敢做，最终身形消散而去。

立夏の風習 ｜ 立夏习俗

人々は女娲に感謝するため、毎年立夏になると、卵を焼いて子供に食べさせる風習を受け継いだ。

また、この伝説をもとに、卵に纏わるもうひとつの風習「斗蛋」がある。ゆでた卵を殻ごと色のついた絹で作った網状の袋に入れて子供の首にかけ、卵の頭をぶつけ合い、殻が破れた方が負けという遊びだ。負けた人は卵を食べる。

ゆで卵というと、中国には茶叶蛋、日本語では茶卵がある。

茶卵は作り方が簡単で美味しい。

　　为了感谢女娲的大恩，此后每年立夏，家家户户都煮蛋给孩子们吃，立夏吃蛋的风俗就一代一代地传了下来。

　　另外，由此还衍生出另一个与蛋有关的习俗——斗蛋。将带壳煮的鸡蛋，装在用彩色丝线或绒线编成的网兜里，让孩子挂在脖子上（以尖处为头，圆处为尾），蛋头撞蛋头，斗破了壳的即为失败。作为惩罚，输者还需要把蛋吃掉。

　　说到煮蛋，中国还有"茶叶蛋"，日语写作"茶卵"，做法简单又美味。

旬の味・茶卵 | 节气美食·茶叶蛋

必要な食材 / 所需食材

　　卵2個、生姜とねぎを20gずつ、塩適量、茶卵の調味料パック（八角、桂皮、山椒、ウイキョウなどが入っている）

　　鸡蛋2个，姜、葱各20克，盐适量，茶叶蛋调料包（内含八角、桂皮、花椒、茴香等）

作り方 / 做法

　　鍋に水を入れ、ねぎ、生姜、卵、調味料パックを入れる。まずは強火で加熱し、沸騰したら弱火にして20分ほど放置する。

卵の殻を破って、味を十分にしみこみせる。調理後に卵をむき
やすくするために水に塩を加えると良い。

在锅中加水，放入葱、姜、鸡蛋和调料包。大火将水烧开后，再
调至小火。静待 20 分钟后，敲破蛋壳，小火慢煮，充分入味。可以
在水里加入一定量的盐，以便煮熟后的鸡蛋更容易脱壳。

豆知識｜小知识

昔から「立夏に卵を食べると力が強くなる」と言われる。また、
立夏は体の代謝が促進されるため、身体がだるくなることがある。
そのため、仕事と休息のスケジュールを調整し、栄養を補い、軽
い食事をして健康を保つといいだろう。

自古以来就有"立夏吃了蛋，力气大一万"的说法。另外，立夏时
节，人体的新陈代谢加快，难免烦躁不安，倦怠懒散。因此，需要合理
安排作息时间，补充营养，饮食相对清淡，保持一种健康的状态。

小満——桑叶正肥蚕食饱
しょうまん

「小満」とは？ | 何谓"小满"？

小満は毎年、太陽暦の5月 21 日前後だ。中国は土地が広くて地域によって天候が大分違うため、小満の「満」は南北の人々にとって二つの意味に分かれている。

その時期になると、南の方は雨の季節に入り、「小満小満、江河漸満」と言われ、この「満」は雨がたっぷり降るという意味だ。一方、北の方は小満の頃、雨はそれほど降らず、麦が成熟するシーズンなので、こちらの「満」は穀物の粒が実ることを指す。

小满以阳历5月21日前后为始，由于中国幅员辽阔，各地气候差异较大，小满的"满"对南北而言，具有不同含义。

南方在小满节气进入雨季，常言道，"小满小满，江河渐满"。

这里的"满"指雨水丰富。到了北方，此时天气干旱，麦穗饱满，当地人就把"满"理解为谷物充足。

漢詩を読もう｜一起读古诗

北宋の文人・欧陽修はその美しい風景を田園の詩として記録した。

北宋文人欧阳修就把这番美景，用文字记录到了田园诗里。

帰田して四時春夏楽しむ 二首・その二(一部) 〔宋〕欧陽修	归田四时乐春夏 二首・其二（节选） 〔宋〕欧阳修
南風原頭百草に吹き 草木叢深茅舍小さし 麦穂初斉稚子の嬌 桑葉正に肥え蚕食い飽く	南风原头吹百草， 草木丛深茅舍小。 麦穗初齐稚子娇， 桑叶正肥蚕食饱。

小满三候 ｜ 小满三候

三候/国家	中国	日本
初候/一候	苦菜秀	蚕起食桑 （かいこおきてくわをはむ）
次候/二候	靡草死	紅花栄 （べにはなさく）
末候/三候	麦秋至	麦秋至 （むぎのときいたる）

　最後の一句「桑叶正肥蚕食飽」は、蚕が桑の葉をもりもり食べて、繭を作ろうとする可愛い様子を表現している。これはつまり、日本の「三候」の初候「蚕起きて桑を食う」に当たる。

　中国では、小満は蚕の神の誕生日だと言われている。食糧が豊かでなかった古代、小満は収穫寸前なので、野菜を摘んで食べるしかなかった。その結果、「苦菜秀」つまりノゲシが盛んに生える様子を初候に入れた。

　中国の次候は「靡草死」で、初夏の強い日光が原因で陰を好む草は枯れてしまう。それに対し、日本の次候は「紅花栄」に変えられた。紅花はエジプト原産で、古代のシルクロードを経て中国や日本に伝わり、かつて口紅の原料として大量に栽培されたので、古代の日本人に親しまれたそうだ。

　そして、末候となると、中日とも「麦秋至」だ。「秋」は中国

語で涼しい季節を 表 すだけでなく、「穀物の実る時」という意味も
あるので、「麦秋至」は麦の実る時が来ると理解するほうが良い。
小満の頃に実る 植 物と言えば、麦のほか、ニンニクも挙げられる。
多くの 中 国の農村では、大麦、ニンニクと繭は、今でも「小満三宝」
と呼ばれているが、ある古い伝説がその由来となっている。

　　诗的末句"桑叶正肥蚕食饱"，展现的是蚕宝宝大口吃着桑叶，
吐丝作茧的可爱画面。日本人将"蚕食桑"作为小满三候中的一候。

　　而在中国，小满相传为蚕神诞辰。在粮食不足的古代，小满时节
正是等待收成的最后一刻。此时，人们不得不采集野菜来充饥，从而
有了一候"苦菜秀"。

　　二候"靡草死"，指的是喜阴野草在炙热阳光下逐渐枯萎。日本
的二候为"红花荣"。红花原产自埃及，经由古代丝绸之路传入中国
和日本，曾作为口红原料大量栽种，对日本古人而言很是亲切。

　　再说三候，两国用的都是"麦
秋至"。"秋"字不仅指秋季，还
有谷物成熟之意。所以，"麦秋至"
指的是麦子成熟。小满时节，也是大
蒜丰收的日子。时至今日，不少农村
地区仍将麦子、大蒜、蚕茧称为"小
满三宝"。这背后还有个有趣的传说。

小満三宝の言い伝え｜小满三宝的传说

昔、「小満」という男の子がいた。ある日、彼は物乞いの女の子に出会い、可哀そうだと思って家に連れて帰り、残った米を全部食べさせた。

恩返しとして、女の子は家事を手伝い、家に泊まるようになった。噂を聞いて、女の子の美貌に魅了された悪徳役人は彼女を無理矢理に妻にしようとしたが、魔法で封印された。

実は、その女の子は穀物の神様の娘で、冤罪で人間界に落とされて小満に救われたのだった。天に戻る前に、その女の子は助けてくれたお礼に小満に三つの宝物を渡した。大麦、ニンニク、白い繭。いずれも初夏が成熟期だ。

その後、小満は麦とニンニクの栽培と蚕の飼育に携わり、貧しい村を豊かにした。彼に感謝するため、村人は初夏の時期を「小満」と呼ぶことにした。

很久以前，有个男子名叫"小满"。有一天，他在路边偶遇乞讨的女子，便心生怜悯将其带回家中，把家中剩余的大米全都给女子吃了。

为了报恩，女子在男子家中暂住，并承担了所有家务。听闻此事，贪色的县令将女子掳走，欲将其据为己有，却遭法术封印动弹不得。

原来，女子是谷神的女儿，因冤罪被贬入凡间，幸得小满所救。返回天宫前，仙女留下三件宝贝赠予小满：大麦、大蒜、蚕茧，三者

均在初夏成熟。

从此，小满靠着种麦、栽蒜、养蚕，帮助村里人脱离了贫困。村民为了感激他，便将初夏时节命名为"小满"。

小満の風習 | 小满习俗

漢方によると、初夏に当たる小満の頃は天気が暑くなるにつれて、体内の熱がどんどん上がるので、苛立ちやすい時期だそうだ。心を落ち着かせるため、ノゲシ、リーフレタス、ユリ、ハスの実、苦瓜を食べるのがお勧めだ。つまり「吃苦」すべきだ。

しかし、苦味が苦手な人もいると思うので、次の「秘密飲料」を飲むと、苦い野菜も食べやすくなる。苦瓜を例に、今の中国人若者に大人気の「吃苦」の方法を教えよう。

中医认为，初夏小满时节，天气逐渐炎热，容易导致心火过旺，心神不宁。为了清心火、养肺气，可适当摄入苦菜、油麦菜、百合、莲心、苦瓜等蔬菜，多多"吃苦"。

然而，因为不爱苦味的大有人在，不妨尝试一款"神秘饮料"，苦味蔬菜吃起来也就没那么苦了。接着，就以苦瓜为例，分享时下颇受中国年轻人欢迎的"吃苦"方法。

旬の味・冷やし苦瓜飲料水 | 节气美食·凉拌苦瓜水

必要な食材 / 所需食材

苦瓜（にがうり）１本（ぼん）、レモン１個（こ）、クコと蜂蜜（はちみつ）を少々（しょうしょう）、スプライト１本（ぼん）

苦瓜１根，柠檬１个，枸杞和蜂蜜少许，雪碧１瓶

作り方 / 做法

まず、苦瓜（にがうり）を洗（あら）って両端（りょうはし）を切（き）る。真（ま）ん中（なか）から二（ふた）つに切（き）り、スプーンで種（たね）を取（と）り除（のぞ）く。この白（しろ）い部分（ぶぶん）は一番苦（いちばんにが）い所（ところ）なので、きちんと取（と）り除（のぞ）こう。そして、お湯（ゆ）を沸（わ）かしてスライスした苦瓜（にがうり）を入（い）れる。２０秒（にじゅうびょう）お湯（ゆ）をくぐらせれば十分（じゅうぶん）だ。鍋（なべ）から取（と）り出（だ）した苦瓜（にがうり）は、すぐ冷（つめ）たい水（みず）に浸（ひた）しておくと歯（は）ごたえがとてもよくなる。クコは、そのまま苦瓜（にがうり）の上（うえ）に、レモンはスライスにして載（の）せる。蜂蜜（はちみつ）は好（この）みに合（あ）わせてかけよう。最後（さいご）にスプライトをかければ出来上（できあ）がり。栄養（えいよう）たっぷりの清涼飲料水（せいりょういんりょうすい）は小満（しょうまん）にぴったりの一品（いっぴん）だ。

先把苦瓜洗净，切头去尾。从中间剖开，用勺子刮出瓜瓤。因为白色部分很苦，要彻底刮净。之后把水烧开，放入苦瓜，煮20秒左右即可出锅。捞出的苦瓜要立刻放入冷水，制造爽脆的口感。撒一些枸杞，把柠檬切片后放到苦瓜上，再根据喜好淋上蜂蜜。最后倒入雪碧，就大功告成了。这一营养丰富的清凉饮料，实为小满"吃苦"之首选。

豆知識 | 小知识

中国（ちゅうごく）では、小満（しょうまん）は二十四節気（にじゅうしせっき）であり、人生（じんせい）の態度（たいど）としても見なされている。先人（せんじん）の話（はなし）だと「小満者、物至于此小得盈満」。つまり、少（すこ）し満（み）ちているが余地（よち）があり、努力（どりょく）さえすれば新（あら）たな進歩（しんぼ）が図（はか）れるという意味（いみ）だ。逆（ぎゃく）に「月満則亏、水満則溢」という諺（ことわざ）があるように、完全（かんぜん）に満（み）ちる「大満（だいまん）」が良（よ）い状態（じょうたい）だと言（い）い難（がた）いため、二十四（にじゅうし）節気（せっき）には「小満（しょうまん）」しかないのだ。これこそ「人生小満胜万全」の真（しん）の意味（いみ）だろう。

在中国，小满既是节气，也是人生态度。古人言，"小满者，物至于此小得盈满"。也就是说，因尚未饱满，仍有上升空间，继续努力必有新的进步。相反，"月满则亏，水满则溢"，万物过于充盈都将导致"盛者必衰"。因此，二十四节气中有"小满"而无"大满"。所谓"人生小满胜万全"，讲的就是这个道理吧。

芒种——梅子金黄杏子肥
ぼうしゅ

「芒種」とは？ ｜ 何谓"芒种"？

　　芒種は夏の 3 番目の節気で、新暦では 6 月 5 日～ 6 日ごろだが、年によって変わる。農民たちは麦などを収穫し、稲やとうもろこしの種を撒く。芒のある穀物だから「芒種」と言われ、一年の中で農作業が最も忙しい時期なので、農民の間では「芒種」を忙しいという字に変えて「忙種」と呼ばれている。また、芒種は希望の種をまき、幸福を収穫する季節でもある。

　　芒种是夏天的第三个节气，以阳历 6 月 5 日至 6 日左右为始，每年稍有不同。人们在这时收获的是大麦、小麦等，播种的是水稻、玉米等，这些都是有"芒"之谷物，因此被称为"芒种"。这是一年中农活最忙的时候，所以，农民们将"芒"谐音作"忙"，称其为"忙种"。此外，芒种也是播种希望、收获幸福的季节。

漢詩を読もう｜一起读古诗

「梅子金黄杏子肥」という初夏ならではの風景が、宋の詩人・
範成大によって詩に書かれた。

"梅子金黄杏子肥"的初夏景致，被南宋诗人范成大写进了诗里。

四時田園雑興 夏日其の一
〔宋〕範成大

梅子金黄として 杏子肥え
麦花雪白として 菜花稀なり
日長くして 籬落 人の過ぎる無く
惟だ蜻蜓と 蛺蝶 飛ぶ有るのみ

四时田园杂兴・夏日其一

〔宋〕范成大

梅子金黄杏子肥，

麦花雪白菜花稀。

日长篱落无人过，

惟有蜻蜓蛺蝶飞。

芒種三候 | 芒种三候

三候／国家	中国	日本
初候／一候	螳螂生	蟷螂生 （かまきりしょうず）
次候／二候	鵙始鸣	腐草為蛍 （くされたるくさほたるとなる）
末候／三候	反舌无声	梅子黄 （うめのみきばむ）

　中国の三候は「一候螳螂生、二候鵙始鸣、三候反舌无声」だ。
初候の「螳螂生」とは、かまきりが生まれることを指す。秋に産みつけられた卵から200匹ほどの小さな命が誕生する。その内、成虫になれるのは、わずか2～3匹だ。かまきりは害虫から農作物を守ってくれるので、農家にとって、とてもありがたい存在だ。
　次候の「鵙始鳴」は、鵙が鳴き始める頃の意味だ。百舌鳥（もず）とも書かれる。様々な小動物の鳴き声を真似することから「100の舌がある」と書いて「百舌」とされた。また「伯労」とも呼ばれる。
　末候の「反舌无声」は、次候の言葉と対のように並んでいるが、反舌、つまりもずが鳴き止むという意味になる。春から初夏の繁殖期が落ち着き、雄のもずの求愛のかん高い鳴き声が収まる頃だ。
　日本では、初候は中国と同じだが、次候と末候が少し変わる。日

本での次候は「腐草為螢」で、腐った草が蒸れて螢になるという意味だ。また、末候は「梅子黄」、青々と大きく実った梅の実が黄色く色付き始める頃だ。「梅の実が熟す頃の雨」ということから「梅雨」になったとも言われ、先人は梅雨時である陰暦５月を「梅の色月」と美しく言い表した。

在中国，芒种三候分别为"一候螳螂生，二候鵙始鸣，三候反舌无声"。

一候"螳螂生"指的是螳螂开始大量繁殖。上一年秋季产下的每个卵都可以长出 200 只左右的生命，但能长大成虫的只有两三只。螳螂可以保护农作物免遭害虫侵害，是农民的好帮手。

二候"鵙始鸣"指的是鵙鸟开始"唱歌"。该鸟又名"百舌鸟"，因其能模仿各种小动物的叫声，仿佛有一百条舌头而得名"百舌"。也被称为"伯劳鸟"。

三候"反舌无声"则与二候形成对比，为雄性百舌鸟停止鸣叫之意。随着从春季到初夏的繁殖期结束，雄性百舌鸟高亢的求偶声也逐渐停止。

在日本，芒种一候与中国相同，但二候和三候有所不同。二候变为"腐草为萤"，意为草木潮湿之处，萤火虫成堆。三候则是"梅子黄"，指硕大的青梅初染黄色。"梅雨"一词从"梅子黄时雨"而来，古人也会用"梅月"这一美丽的词汇来泛指梅雨季节。

「雨節」の由来｜"雨节"的由来

　　戦いの神・関雲長は天庭に行っても常に人間界に降りて庶民たちの生活ぶりを視察しながら、いろいろと助けてくれた。人々は彼に感謝して各所に関帝廟を建てた。それを知った東海の悪龍は嫉妬して、芒種の日、人間界の水を吸い上げて、全ての農作物を枯らしてしまった。河が乾き、米も水も口にできない庶民の苦しい姿を見た関雲長は大変怒って、天庭で「青龍偃月刀」を磨き、悪龍と戦おうと決めた。刀を磨く水は人間界に落ちて大雨になり、河を潤しながら作物を早く成長させた。その結果、人々はお腹いっぱい食べて力をつけ、悪龍は逃げ出してしまった。こうして人間界は再び平和を取り戻した。これが芒種の別名「雨節」の由来だ。

　　传说关云长升仙后，常常下凡，体察百姓生活。为此，民间修建了许多关帝庙以示感激。没想到，此举却激起了东海恶龙的妒忌。它在芒种之日，吸尽人间河水，导致作物枯萎。关云长看到人间群湖干涸，百姓饥渴难耐，十分恼怒。便在天庭打磨青龙偃月刀，准备出战降龙。磨刀水洒落凡间，变成了瓢泼大雨，滋润湖泊，粮食作物得以快速生长。由此，百姓不再挨饿，恶龙见状落荒而逃，人间又恢复了平静。这就是芒种的别名"雨节"的由来。

芒種の風習 ｜ 芒种习俗

芒種の到来は盛夏の始まりを意味し、汗をかいて体内の水分が奪われ、夏バテしたり夏かぜを引きやすくなる。そこで、この時期、梅の実を使った食べ物が好んで食べられる。梅は、夏の疲れや夏かぜを予防する効果があるので、夏の時期の自然からの贈り物だと言えるだろう。

> 芒种的到来意味着盛夏的开始，此时，出汗会使人体水分流失，容易使人疲劳或感染风寒。因此，芒种时节，以梅子为食材制作而成的食物或饮品颇受欢迎。梅子具有预防"苦夏"和感冒的功效，可谓夏季专属的"大自然的馈赠"。

旬の味・梅の甘いスープ ｜ 节气美食・梅煮百合梨汤

必要な食材 / 所需食材

梅若干、棗適量、ゆり根と梨それぞれ1個、氷砂糖適量

> 梅子若干，红枣适量，百合和生梨各1个，冰糖适量

作り方 / 做法

まず、きれいに洗った梅と水を鍋に入れて、強火で10分ほど煮る。酸味を出して、梅の皮が裂けたらいい。棗は半分に切る。ゆり根と

棗を別の鍋に入れて強火で5分ほど煮る。梨は薄めにスライスする。そして、梅の入った鍋に梨、氷砂糖を入れ、棗とゆり根を加え、さらに3分間強火で煮たら完成だ。新鮮な梅は酸っぱいので、梨と氷砂糖を加えて煮ると梅の酸味が減って食感がよくなる。

先将洗净的梅子放入锅中，大火煮10分钟左右。等梅子酸味出来、表皮裂开后，即可关火捞出。随后，将红枣对半切开，将百合和红枣放入另外的锅中，大火炖5分钟左右。将生梨切成薄片，和冰糖一同放入煮梅子的锅中，加入红枣、百合后，大火再煮3分钟即可出锅。新鲜的梅子很酸，加入生梨和冰糖后，可以中和梅子的酸味，口感更好。

豆知識 | 小知识

中国南方では、毎年5月や6月に梅が熟し、ちょうど芒種に当たるので「芒种煮梅」という習慣がある。
芒種は梅雨に近づいているので、食べ物以外にも湿気対策やレイングッズの準備を整えておくことが望ましい。

在中国南方，每年五六月是梅子成熟的季节。此时正值芒种节气，因此民间有"芒种煮梅"的习俗。

芒种时节梅雨将至，除了品尝时令食品之外，也要注意防止湿气入侵，出门记得带好雨具，以备不时之需。

73

夏至——东边日出西边雨
げし

「夏至」とは？ | 何谓"夏至"？

　「夏至」は毎年 6 月 21 日前後だ。夏至を迎えると、太陽は地球の最も北に偏り、北半球では昼間の時間が最も長く、正午の太陽の高さが最も高くなる。

　「夏至」は「夏の頂点」の意味だが、最も暑いわけではない。

　ただ、すでに気温や湿度は高く、また強い空気の対流により、よく雷雨が発生する。狭い範囲にザーッと短時間に降るのが夏至の頃の雨の特徴だ。

　　夏至节气，通常以每年 6 月 21 日前后为始。夏至这天，太阳直射地面的位置到达一年的最北端，此时，北半球各地的白昼时间将达到全年最长，同时，也是北半球一年中正午太阳高度最高的一天。

夏至虽是"夏天的顶点"，但不是一年当中最热的日子。但由于夏至时节气温高、湿度大，地面受到空气的强对流影响，极易形成雷阵雨。此类雨水通常有范围小、雨量大、时间短的特点。

漢詩を読もう｜一起读古诗

　唐代の詩人・劉禹錫は、この夏至の天気を巧みに詩で表現して、美しい景色を見せてくれた。

　唐代诗人刘禹锡，就曾巧妙地将夏至时节的这种天气，通过诗歌表现了出来，富有意境和美感。

竹枝詞 〔唐〕劉禹錫	竹枝词 〔唐〕刘禹锡
楊柳青青として江水は平らかなり 聞こゆるは郎の江上に歌を唄う声 東辺日出て西辺雨ふる 道ふは是れ晴無きは却つて晴有りと	杨柳青青江水平， 闻郎江上唱歌声。 东边日出西边雨， 道是无晴却有晴。

夏至三候 ｜ 夏至三候

三候／国家	中国	日本
初候／一候	鹿角解	乃東枯 （なつかれくさかるる）
次候／二候	蝉始鳴	菖蒲華 （あやめはなさく）
末候／三候	半夏生	半夏生 （はんげしょうず）

　夏至にも三つの候がある。中国語で「一候鹿角解」「二候蝉始鳴」「三候半夏生」と言われる。初候の「鹿角解」は「鹿の角が自然に落ちる」という意味だ。昔、鹿は「陽気がある動物」であり、陰気が生まれて陽気が失われる夏至に角が落ち始めると信じられていた。そして、この現象は自然のあらゆるものが変化していることの現れだ。例えば、次候の「蝉始鳴」は「セミが鳴き始める」という意味で、末候の「半夏生」は「半夏という薬草が咲く」という意味だ。

　これに対し、日本の夏至の三候は中国と少し違う。初候は「乃東枯」と言われている。「乃東」は「ウツボグサ」とも言われ、夏になると枯れる。次候は「菖蒲華」で、「アヤメの花が咲く」という意味だ。末候は中国と同じく「半夏生」で、夏至は「半夏が生え始める季節」だ。

　夏至は二十四節気の中で、最初に決められた節気の一つだ。

夏至也有三候，分别为一候"鹿角解"，二候"蝉始鸣"，三候"半夏生"。一候"鹿角解"意为到了夏至，鹿角开始脱落。古时，人们认为鹿是属阳性的动物，而夏至这天，阴气生而阳气衰。因此，属阳性的鹿角开始脱落。同时，这一现象也表现了自然界万物的更替，如二候"蝉始鸣"意为知了在夏至后鼓翼而鸣，三候"半夏生"，则意为一种名为半夏的药草开始生长。

与此相对，日本的夏至三候稍有不同。夏至时节的一候名为"乃东枯"，"乃东"又叫"夏枯草"，至夏而枯。第二候名为"菖蒲华"，意为鸢尾开花。第三候则与中国的相同，为"半夏生"，以半夏开始生长来判断夏至时节的到来。

夏至是二十四节气中最早被确定的节气之一。

巧の飛天の言い伝え | 巧姐飞天的传说

昔、ある女の子がいた。彼女は裁縫が上手だったので、両親は彼女を「巧」と名付けた。

そして、巧が１５歳の時、両親は彼女を裕福な家に嫁がせることを約束した。実家に戻ると、嫁ぎ先から日が暮れるまでに靴下、靴、タバコの袋を１０個作るように言いつけられた。夕方になっても巧はまだ作り終えることができなかった。この時、ある老婦人が助けに来て、手を振りながら糸で太陽を縛って沈まないようにした。こうして巧は日没までに、すべての仕事を終えることができた。し

かし、日が沈む時、巧は絹糸に引っ張られて霞に溶けて空へ飛んで行ってしまった。

それ以来、人々は太陽が糸で結ばれて１年で昼が最も長い日を「夏至」と呼ぶようになった。

很久以前，有一个姑娘，针线功夫可谓出神入化。正因为她心灵手巧，爹妈为她取名为"巧姐"。

在巧姐十五岁那年，爹妈将其许配给了赵财主家。在巧姐回门时，公婆家却提出要求，要她在太阳下山前做出袜子、鞋子以及烟荷包各10个。眼看太阳快要落山，巧姐还没有完成。就在着急之时，有位老奶奶向她伸出了援手。只见她手一挥，用丝线将太阳牢牢拴住，并将其拉了回来。就这样，巧姐在太阳下山前完成了全部工作。可是，太阳落山时，正巧丝线的另一头缠着巧姐，拉着她向西边的天空飞去，融进了霞光中。

此后，由于太阳曾被拴住，在每年这天的停留时间最长，人们便将其称为"夏至"。

夏至の風習 ｜ 夏至习俗

夏至は、農作物が最盛期を迎えるが、害虫や水害などの災害もある。収穫の時期を迎える作物の害虫駆除は、夏至の大切な農作業だ。

夏至の頃に 収 穫される代 表 的な農作物は小麦だ。 昔 、人々は 収 穫したばかりの小麦で麺を作って神を 敬 い、次の年の豊作を祈 願した。こうして夏至に麺を食べる 習 慣が受け継がれてきたのだ。

現在、地域によって作られる麺 料 理は様々だ。例えば、北京は 「ジャージャン麺」を食べ、山東 省 は「ゆで麺」を食べ、 上 海も 麺を食べる 習 慣がある。

夏至时节，农作物生长也进入旺盛阶段，但虫害、水旱等灾害也随之而来。为即将迎来丰收时期的农作物祛虫，便成为夏至较为重要的作业之一。

小麦是夏收中最具代表性的作物。在古代，人们会用刚刚收获的小麦制作成面食，用来敬神，保佑连年丰收。久而久之，夏至吃面的习俗就流传了下来。

如今，由于地域不同，各地民间所做的面食也大相径庭。比如，北京吃炸酱面，山东吃过水面，而上海也有专属的夏至面食。

旬の味 · 上海冷麺 | 节气美食 · 上海冷面

必要な食材 / 所需食材

麺、ピーナッツソース、ごま 油 、酢、 醬 油、水

面条，花生酱，香油，醋，酱油，水

作り方 / 做法

麺は半生の蒸し麺を買うと便利だ。半生麺をお湯で２分ほど茹でてから水気を切り、扇風機で冷ましながら大さじ２杯のごま油を絡める。そして、ピーナツソースと適量の水を加えて混ぜる。麺が完全に冷めてソースをかければ、本格的な上海冷麺が出来上がり。

为了制作方便，可以事先购买已经蒸至半熟的冷面。将半熟的面条放入开水中煮２分钟。待面条完全熟透后将其沥干，加两勺香油一边拌匀，一边用电风扇吹凉后待用。然后，将花生酱加入适量的温水充分搅拌。待面条完全冷却后，淋上酱汁，一碗地道的上海冷面就完成了。

豆知識｜小知识

　昔から中国では「冬至に餃子、夏至に麺」という習慣があり、小麦の収穫を祝ってきた。

　また、夏至を過ぎると気温が一気に上がり、体の倦怠感、乾燥、動悸、息切れなどを感じ、食欲が低下する人がいる。そのため、食事は軽めにすることが大切だ。そして、熱中症の対策をしっかりとり、心臓や血管の病気の予防に気をつけよう。

　自古以来，中国民间就有"冬至饺子夏至面"的说法。夏至吃面意味着人们共享小麦丰收的喜悦。

　此外，夏至后，由于气温上升较快，人体容易出现疲乏、燥热或心悸气短的感觉，食欲也会明显下降。因此，在饮食上要以清淡为主。面对炎热天气，在做好防暑降温的同时，也要注意预防心血管疾病的突发。

小暑——小荷才露尖尖角
しょうしょ

「小暑」とは？ ｜ 何谓 "小暑"？

　夏の節気として、立夏、小満、芒種、夏至に次ぐ小暑は、毎年太陽暦の 7 月 7 日前後から始まり、「やや暑く、これから真夏に向かう」時期だ。

　小暑になると気温が高くなり、過ごしやすい季節とは言えないが、蓮にとっては一番の成長期だ。蓮の花の鑑賞は古くから中国で夏の定番行事になっている。

　小暑为夏季节气，位列立夏、小满、芒种、夏至之后。以阳历 7 月 7 日前后为始，取 "暑气至此，尚未极也" 之意。

　进入小暑后，气温逐渐攀升，虽不是舒适的季节，但荷花却迎来了最好的生长期。所以，中国自古便有夏日赏荷的习俗。

漢詩を読もう｜一起读古诗

宋の詩人・楊万里は、蓮の愛しさを名作の「小池」に記録した。

宋代诗人杨万里,把对荷花的喜爱之情全都写进了诗作《小池》里。

小池	小池
〔宋〕楊万里	〔宋〕杨万里
泉眼声無く　細流を惜しみ	泉眼无声惜细流,
樹陰　水を照らして晴柔を愛す	树阴照水爱晴柔。
小荷　僅かに　露す尖尖の角	小荷才露尖尖角,
夙に　蜻蜓の上頭に立つ有り	早有蜻蜓立上头。

小暑三候 | 小暑三候

三候 / 国家	中国	日本
初候 / 一候	温风至	温風至 （あつかぜいたる）
次候 / 二候	蟋蟀居宇	蓮始開 （はすはじめてひらく）
末候 / 三候	鹰始鸷	鷹乃学習 （たかすなわちわざをなす）

　小暑になると風が熱くなり蓮の花が咲く。そして鷹の雛が飛び方を覚える頃なので、日本人は小暑の「三候」を「温風至、蓮始開、鷹乃学習」と纏めている。

　一方、中国の「三候」は「一候温风至、二候蟋蟀居宇、三候鹰始鸷」で、同じ節気でも、中国人の目に映る景色は、すこし違うようだ。初候の「温风至」は文字通りに気温の上昇につれて風が熱くなってくること。また、次候の「蟋蟀居宇」はコオロギが穴にいて壁に面していることを指す。

　そして、末候の「鹰始鸷」は猛々しさを覚えた鷹が熱い地上を離れ、涼しい空中で獲物を獲るという意味だ。このように小暑の暑い日々に、ほとんどの動物は日陰を捜して身を隠すが、知恵を絞った古代の婦人たちはおの猛暑を利用して布団や服、夫の書簡などを日干しにした。湿気とカビを防ぐのが目的だ。その結果、もし末候に次ぐ

「四候」があれば、必ず「婦晒伏」、つまり婦人が物を晒す内容になるだろう。

小暑时节暖风习习,荷花亭亭玉立。同时,幼鹰开始学习飞翔。所以,日本将其"三候"归纳为"温风至、荷花开、幼鹰学飞"。

在中国人眼中,小暑三候又是另一番风景。一候"温风至",二候"蟋蟀居宇",三候"鹰始鸷"。"温风至"顾名思义就是,随着气温上升,风中带着热浪。二候"蟋蟀居宇"指的是由于天气炎热,蟋蟀出生但还在穴中面壁,不能出穴飞。

三候"鹰始鸷"同样选择了动物。因地面温度过高,老鹰选择在清凉的高空盘旋,寻找猎物。暑气逼人的小暑时节,多数动物会寻找阴凉处栖息。聪明的古代妇人们则会利用炙热阳光,暴晒被子、衣物和丈夫的书简,达到防霉防潮的目的。因此,如果小暑能有第四候,肯定是"妇晒伏"吧。

乾隆皇帝の雨宿りの言い伝え | 乾隆避雨的传说

200年あまり前、江南地域を訪れた乾隆皇帝は、にわか雨に降られてびしょ濡れになった。乾隆皇帝は庶民から着替えの服を借りるわけにはいかないので、龍の模様を刺繍した礼服を脱いで暫く小船に身を隠すことに決めた。

これからどうしようと悩んだ時、雨が急に止み、日が強く差し始

めた。家来が礼服を日に当てると、あっという間に乾いた。

その日は暦の 6 月 6 日で、ちょうど小暑前後なので、「六月六、晒龙袍」と呼ばれるようになった。

庶民たちはその日に色とりどりの服を全部屋外に運んで、ずらりと干す光景から「六月六、晒红绿」という伝統行事として広がった。

相传 200 多年前，到访江南的乾隆皇帝被大雨淋湿。因不便向百姓借用衣物，决定脱下龙袍，到船上躲雨。

正不知所措时，大雨骤停，烈日当空，家臣立刻晒出龙袍，不一会儿就已干透。

当天是农历六月初六，正值小暑前后。于是，就有了"六月六，晒龙袍"一说。

百姓每逢这一天，只要天晴，就把家中各色衣物搬到屋外暴晒，久而久之，"六月六，晒红绿"的民俗便流传开来。

小暑の風習・蓮の葉で淹れたお茶 ｜ 小暑习俗·荷叶茶

小暑になると、気温が上がって汗をかきやすいので、水分を補うために漢方では緑豆のお粥や冬瓜スープ、桃、ブドウなど、ジューシーな食べ物を取り入れる。ただ、「小暑大暑、有米也懒煮」という諺の通り、猛暑で体がだるくなりがちなこの時期、時間がかかる精進料理より簡単に作れる料理のほうが人気だ。例えば、小暑の定番・蓮の葉で淹れたお茶は、焙煎が意外と簡単で家でも作り

やすい。

　　小暑时节，因热气蒸腾，人容易出汗，造成体液流失。中医认为宜多食绿豆粥、冬瓜汤、桃子、葡萄等多汁食物补充水分。只是，如俗语"小暑大暑，有米也懒煮"所说，暑热让人浑身乏力。比起耗时的工夫菜，简单方便的食品更受欢迎。比如，清热降火的荷叶茶，制作过程非常简单，在家就能轻松搞定。

旬の味・蓮の葉お茶 | 节气美食·荷叶茶

必要な食材 / 所需食材

新鮮な蓮の葉 / 新鲜荷叶

作り方 / 做法

　まず、蓮の葉を水で洗う。葉がとても大きくて鍋に入れにくい場合は、鋏か包丁で小さく切ろう。お湯が沸いたら、蓮の葉を入れ、ゆっくりかき混ぜる。葉が柔らかくなったら取り出してすぐに水に浸す。そうすると、外見の緑色も中身の栄養分も保つことができる。その後、蓮の葉を平らな籠に広げて、一日、太陽に晒す。両面とも太陽が当たるように、1時間ごとに葉をひっくり返すといい。干した葉をもう一度、鉄の鍋に入れて10分間ほど炒る。香りが出たら出来上がり。飲む時はお湯にひとつまみ入れて5分ほど待てばOK。

先把荷叶洗净。如果叶片太大，无法放进锅内，可用剪刀剪成碎片。水开后，放入剪碎的荷叶，慢慢搅拌。待荷叶变软后捞出，立刻浸入冷水中，以便保留嫩绿色泽和营养成分。再将荷叶平摊在竹筐里，置于阳光下暴晒一天。为了保证两面都能晒到太阳，建议每小时翻面。荷叶晒干后，放入铁锅来回翻炒约10分钟。闻到香味后，就大功告成了。饮用时，抓一小把，泡上5分钟就能喝了。

豆知識｜小知识

蓮の葉は少し苦いが、薬効が高い。夏に起こりがちな高血圧、便秘、不眠などの症状によく効くと漢方のバイブル『本草綱目』に書いてある。

一方、日本では、玉蜀黍や枝豆、あんずなどが旬の食べ物で、特に、杏仁豆腐は喉越しが良くて人気だ。

小暑は、蒸し暑くて春と秋ほど過ごしやすくないが、ジューシーな野菜と果物を多く取り入れて凌ごう。

荷叶口感微苦，但药用价值颇高，在《本草纲目》中就有记载。荷叶对夏季常见的血压高、便秘、失眠等都有帮助。

日本则以玉米、毛豆、杏仁作为应季食品。尤其是杏仁豆腐，因口感舒适，很受欢迎。

夏季高温难耐，不像春秋两季舒适，建议多吃多汁蔬果，及时补充身体水分。

大暑——映日荷花别样红
たいしょ

「大暑」とは？ ｜ 何谓"大暑"？

大暑は、7月後半から8月前半にある節気で、新暦7月22日や7月23日頃から始まる。「大きく暑い」と書くことからわかるように、1年で最も暑さを厳しく感じる頃だ。多くの地域で梅雨が明け、本格的な夏が到来する。大暑は「荷月」「蓮の花の月」とも呼ばれている。この時期、蓮の花は最も美しく、昔の人達も水辺に咲く蓮の花を鑑賞した。

大暑是7月下旬到8月上旬的节气，始于阳历7月22日或23日。从字面意思"很大的暑气"可以看出，大暑是全年最炎热的时期。此时，很多地区的梅雨结束，迎来真正的夏天。大暑也被称为"荷月""莲月"。由于此时的荷花最美，古人常会聚到水边赏荷。

漢詩を読もう｜一起读古诗

宋の詩人・楊万里がその風景を見て「天に接する蓮葉は無窮の碧にして　日に映ずる荷花は別様に　紅なり」という名句を残した。

宋代诗人杨万里见此荷花盛开的景象，留下了"接天莲叶无穷碧，映日荷花别样红"的名句。

曉に浄慈寺を出て林子方を送る 〔宋〕楊万里 畢竟西湖は六月中 風光四時と同じからず 天に接する蓮葉は無窮の碧にして 日に映ずる荷花は別様に紅なり	晓出净慈寺送林子方 〔宋〕杨万里 毕竟西湖六月中， 风光不与四时同。 接天莲叶无穷碧， 映日荷花别样红。

大暑三候 | 大暑三候

三候/国家	中国	日本
初候 / 一候	腐草为萤	桐始結花 （きりはじめてはなをむすぶ）
次候 / 二候	土润溽暑	土潤溽暑 （つちうるおうてむしあつし）
末候 / 三候	大雨时行	大雨時行 （たいうときどきふる）

　　蓮の花のほか、大暑になるとセミが鳴き、トンボが飛び交い、サルスベリ、ナデシコ、朝顔などの夏の花が相次いで開花する。

　　大暑の三候は「腐草為蛍、土潤溽暑、大雨時行」だ。

　　まず、中国の初候「腐草為蛍」は、日本の芒種の次候と同じで、腐った草が蒸れて蛍になるという意味だ。陸生のホタルは枯れ草に卵を産み、大暑になると蛍が孵化することから、古人がホタルは腐った草から変身したと考えていた。一方、日本の大暑の初候は「桐始結花」と言う。桐の花が開花する頃だ。桐は種に羽が付いていて、風に乗って広範囲に種を飛ばすことができ、生長も早いことから、あっと言う間に群生する。

　　そして、大暑の次候は、中国でも日本でも「土潤溽暑」だ。熱気がまとわりつく蒸し暑い頃を指す。大暑の頃の気象の特徴は夕立が降ることがある。地熱を帯びた地面に大雨が降ると、熱が蒸発して水蒸気が地表に沸き立つ。この水蒸気に草花の葉や花弁の香

りが混ざり合い、独特の香りを放つ。

最後の末候も中国と日本は同じ「大雨時行」だ。時々、大雨が降る頃を指す。大暑は1年の中で最も暑い時期であり、夏の最後の節気でもある。暑さがすこしだけ残り、大雨が降る日が過ぎれば、秋の気配を感じるようになり、夜は夏とは思えないほど涼しくなる。昔は大暑になると、畑にたくさんの蛍の明かりが灯っていた。

除了荷花之外，一到大暑，知了鸣叫，蜻蜓飞舞，百日红、石竹、牵牛等夏花也相继盛开。

大暑三候分别是一候"腐草为萤"，二候"土润溽暑"，三候"大雨时行"。

中国的一候"腐草为萤"和日本芒种的二候相同，是草木腐烂变成萤火虫的意思。陆生的萤火虫产卵于枯草上，大暑时，萤火虫卵化而出，让古人误以为萤火虫是腐草变成的。在日本，大暑一候为"桐始结花"，正是梧桐开花的时候。桐树的种子有羽翼，可以乘着大风到处散播，生长快速，眨眼间就会扎堆。

大暑的二候，中日两国都是"土润溽暑"，是热气缠绕的闷热时期。大暑时节的特征是常伴有雷阵雨。热腾的地面碰上大雨，热量蒸发，水蒸气在地表沸腾。水蒸气和花草的香气混合，散发出独特的香味。

关于第三候，中日都是"大雨时行"，为常降大雨之意。大暑是一年里最热的时候，也是夏天最后一个节气。此时的暑热，已是强弩之末，大雨一停，就进入秋天，晚上很是凉爽。过去一到大暑，田里就会出现很多萤火虫的光亮。

腐草為蛍の言い伝え | 腐草为萤的传说

東晋時代、車胤という人がいて、子供の頃から勤勉で博学だった。しかし、家が貧しく、読書のために灯をともす油を買う余裕さえなかった。そのため、車胤は、いつも昼の時間を利用して文章を暗誦していた。

夏のある夜、庭で文章を暗記していた車胤は、たくさんの蛍が低い空を舞っているのを見た。闇の中で蛍がちらちらと煌めいている。賢い彼は、すぐに袋を探し、何十匹ものホタルを捕まえて袋に入れて吊るした。それほど明るくないが、本を読むには十分だ。

それ以来、車胤は蛍を見つけると捕まえて明かりにして、毎日、勉強に励んだ。

東晋时代，有一个叫车胤的人，自幼勤奋好学，博学多通。但因家境贫困，家里没有多余的钱买灯油供他夜读。为此，他只能利用白天时间背诵诗文。

夏天的一个晚上，他正在院子里背诵一篇文章，忽然见到许多萤火虫在低空中飞舞。一闪一闪的光点，在黑暗中显得格外耀眼。聪慧的他灵光一闪，找来一只口袋，抓了几十只萤火虫放在里面，再扎紧袋口，把它吊起来。虽然不怎么明亮，但用来看书足够了。

从此，只要看到萤火虫，他就会抓来当作灯用，每日刻苦学习。

大暑の風習 | 大暑习俗

大暑は暑さが厳しく、農家にとっては、田の草取り、害虫駆除など暑い中での農作業が辛い時期だ。この時期は蒸し暑さで体力の消耗が激しくなるため、夏バテや熱中症などにならないように栄養摂取や水分補給などの暑さ対策が必須だ。そんな時に真夏にぴったりのスイカジュースがお勧めだ。

大暑时节，天气炎热，对农家来说，到田里开展除草、驱除害虫等农事，极为辛苦。此时，由于暑气闷热，体力消耗较为剧烈，为了避免出现苦夏、中暑等症状，必须多多摄取营养并补充水分。这时，冰镇西瓜汁就非常应景。

旬の味・スイカジュース | 节气美食·西瓜汁

必要な食材 / 所需食材

　スイカ 200g、ミニトマト 100g、氷 適 量

西瓜 200 克，小番茄 100 克，冰块适量

作り方 / 做法

　まず、スイカは皮をむき、種を取り出す。次にミニトマトをきれいに洗い、スイカと一緒にジューサーに入れて攪拌する。最後に適量の氷を入れて出来上がり。

　スイカは熱を払い、喉の渇きを癒す効果がある。トマトは独特の酸味が胃液の分泌を刺激して胃腸を整えるので、夏にぴったりだ。これ以外にも、スイカにブドウやスイカに梨など、自分の好みに合わせて夏のジュースを作るとよい。

　　先将西瓜去皮，去籽。再将小番茄清洗干净后，和西瓜一起放入榨汁机内，打成汁。最后，根据个人喜好加入适量冰块即可。

　　西瓜有祛热解渴的功效，而番茄独特的酸味可以刺激胃液分泌，促进肠胃蠕动，非常适合夏天饮用。当然，还可根据喜好，制作西瓜加葡萄、西瓜加雪梨等混合果汁，自制一杯专属自己的"夏日快乐水"。

豆知識 | 小知识

　　大暑はビタミン補給以外に質の良い睡眠も大事だ。夏の体は早めに目覚めるのが自然のリズムなので、朝方、目が覚める人も多いだろう。自然のリズムに逆らわず、早起きするほうが体が楽だ。

　　暑いだけでも体は疲れる。その場合は、昼間に30分以内で休息するのが良い。夜眠れないほど昼寝しないのがコツだ。数分目を閉じるだけでも目と脳が休まる。

　　大暑时节，除了补充维生素，良好的睡眠也很重要。进入夏天，早醒是自然规律。因此，很多人都会在清晨醒来。早起的话，身体会更加轻松，所以尽量不要违背"人体规律"。

　　炎热天气容易让身体疲惫。此时，不妨午间休息30分钟。建议午睡不要过长，以免晚上无法入睡。只需闭眼几分钟，让眼睛和大脑得到休息即可。

時節の美

秋

立秋——一枕新凉一扇风
りっしゅう

「立秋」とは？ | 何谓"立秋"？

　立秋は、秋の最初の節気で「秋の始まり」を意味する。通常は8月7日前後に立秋が訪れる。

　「立」は中国語で「始まる」という意味で、「秋」は穀物の成熟を意味する。秋の初め、自然界ではあらゆるものが徐々に成熟する。立秋は中国語で「三伏天」の時期であることが多いので、実際には、まだ暑さが残っている。しかし、降水量や湿度は徐々に減り、雨の少ない乾燥した天気へ移り始めている。

　　"立秋"节气是秋季起始的标志，也是秋季的首个节气，通常在每年8月7日前后到来。

　　"立"是开始之意，"秋"意为禾谷成熟。时至立秋，自然界

万物开始从繁茂生长逐步趋于成熟。由于立秋往往还处在"三伏"期间，中国大部分地区仍处炎热之中。但降雨量、湿度日趋下降，开始向少雨干燥的气候过渡。

漢詩を読もう｜一起读古诗

宋の詩人・劉翰はこの小さな変化から秋を感じて、そのわずかな涼しさを詩で表現している。

宋代诗人刘翰，正是从夏秋季节交替的细微变化中，感受到一份微微凉意，并作诗记录了下来。

立秋	立秋
〔宋〕劉翰	〔宋〕刘翰
乳鴉啼きて散じ 玉屏空し 一枕の新涼 一扇の風 眠りより起きて 秋声覚る処なし 満階の梧葉 月明の中	乳鸦啼散玉屏空， 一枕新凉一扇风。 睡起秋声无觅处， 满阶梧叶月明中。

立秋三候 | 立秋三候

三候/国家	中国	日本
初候 / 一候	凉风至	涼風至 （すずかぜいたる）
次候 / 二候	白露生	寒蝉鳴 （ひぐらしなく）
末候 / 三候	寒蝉鸣	蒙霧升降 （ふかききりまとう）

　立秋にも三候がある。中国語で「一候涼風至」「二候白露生」「三候寒蝉鳴」と言われる。劉翰の詩は初候の「涼風至」に対応していて、「涼しい風が初めて吹いて、秋の気配を感じさせる」という意味だ。

　次候の「白露生」は「大気が冷えてきて朝方の草むらに露を見る季節」という意味だ。末候の「寒蝉鳴」は「ひぐらしがカナカナと鳴き始め」という意味だ。

　これに対して、日本の立秋の三候は中国と少し違う。中国の末候「寒蝉鳴」は日本で次候となり、日本の末候は「蒙霧升降」と呼ばれ、「朝方、深い霧がたちこめたりする季節」という意味だ。

　中国でも日本でも朝露は秋の気配を感じさせるものだ。朝露だけでなく、古代の人は秋の訪れを別の現象でとらえていた。

　　立秋有三候，分别为一候"凉风至"，二候"白露生"，三候"寒蝉鸣"。刘翰的这首诗恰好对应一候"凉风至"，意思是说立秋之后，

凉风起，可以让人感受到秋天的气息。

二候"白露生"意为空气渐凉，清晨能在小草上看到露珠。三候"寒蝉鸣"的意思是，感阴而鸣的寒蝉也开始鸣叫。

在日本，立秋"三候"与中国有些许不同。中国的三候"寒蝉鸣"在日本变为第二候，日本的第三候则变为"蒙雾升降"，意为秋天是会出现浓雾的季节。

无论在中国还是日本，清晨的露珠都能让人感受到秋意渐浓。不仅如此，中国的古人还能从其他自然现象中感受到秋天的到来。

葉は秋を知るという言い伝え ｜ 叶落知秋的传说

戦国時代、山奥に「天機子」という人が住んでいた。自宅近くの小さな畑を耕し、日用品を買う以外は山を下らなかった。

ある日、趙国の貴族・趙政が散歩で山に行くと、天機子と出会った。趙政は、天機子が山を下らないのに世の中の事を知り、未来を予言できることに気づき、不思議に思って天機子に尋ねた。天機子は「微妙な現象から、その後の結果を推察するだけです」と答えた。落ち葉を見て秋が近づき、その後寒くなることを推察するのと同じだ。そして、天機子は趙政に「趙は秦に滅ぼされるから、趙に帰らないように」と忠告した。

その後、秦は 趙 を滅ぼし、さらに他の国々も次々と滅ぼして、全国を統一した。

> 战国末年有一位住在深山里的隐士，名叫天机子，在家附近开垦了一小块田地，除了下山购买日常用品，其余时间都隐居山中。
>
> 某日，一位名叫赵政的赵国贵族，跑到山上散心，遇到了天机子。聊天中，赵政发现天机子虽然很少下山，却深知天下大事，还能推测未来将会发生的事情，于是好奇地向天机子发问。天机子回答道，他只是从细微迹象中，推测出事情后续的发展和结果。就像我们看到叶子落下，就知道秋天来临，天气会变冷一样。他还劝告赵政不要回赵国，因为赵国日后会被秦国所灭。
>
> 不久后，秦国果然灭了赵国，接着又陆续灭了其他国家，统一全国。

立秋の風習 | 立秋习俗

この伝説から「葉は秋を知る」という言葉が生まれ、細部まで丁寧に鑑賞するようになった。そして、落葉は秋の陽から陰へ、穀物が実り収穫される季節に、全てが徐々に変化していくことを表している。

農家は秋の始まりに収穫を祝い、土地の神に供物を捧げるお祭りをする。また、立秋の日にスイカを食べるのは、秋の訪れを迎え、乾燥を防ぐという意味がある。実はスイカの他にも乾燥を防ぐ「いいもの」がある。それはナスだ。

后人根据这个传说，提炼出一个成语——一叶知秋，告诉人们要仔细体会细节。同时，树叶凋落也标志着立秋时节正是万物由阳盛逐渐转为阴盛的节点，是禾谷成熟、收获的季节。

在民间，立秋收成时，通常会祭祀土地神，以庆祝丰收。在立秋当日吃西瓜，有迎接秋天到来之意，还能防止秋燥。除了西瓜外，还有一款除燥降火的"好物"，那便是茄子。

旬の味・冷やしナス | 节气美食・凉拌茄子

必要な食材 / 所需食材

ナス、ニンニク、唐辛子、塩、酢、醤油、ごま油

茄子，大蒜，干辣椒，盐，醋，酱油，麻油

作り方 / 做法

ナスを洗って手で千切り、お湯で 6 分から 8 分ほど火が通るまで茹でて、水気を切っておく。ニンニクのみじん切り、塩、醤油、酢でソースを作る。ナスの上にこのソースをかけ、よく混ぜる。これで簡単においしい冷やしナスが出来上がり。

先将茄子洗净，撕成段，用热水氽烫 6～8 分钟后捞起，沥干水分备用。将蒜末、盐、酱油、醋等调味料兑成料汁。把调好的料汁倒在茄子段上，拌匀即可。如此操作，一道简单又美味的凉拌茄子就完成了。

豆知識 | 小知识

　中国では「ナスは夏に植え、秋に食べる」という言葉があり、秋は茄子を食べるのによい季節だ。秋に収穫されたばかりの茄子は「秋茄子」と呼ばれ、普通のナスよりも独特の香りと味わいがあるのが特徴だ。

　立秋に入っ陽気が徐々に回収されて陰気が増え、体の陰陽の新陳代謝が行われる過渡期でもある。この季節は、食事にも運動にも全て「補う」ように気を付けると良いだろう。そして、涼しい天気に対応して風邪を引かないようにするために、自分の体調に合わせてサプリメントをとるのも良いだろう。

　中国民间有"立夏栽茄子，立秋吃茄子"的说法，表明立秋正是吃茄子的好时候。秋天刚收成的茄子被称为"秋茄"，带有独特的清香口感。

　进入立秋后阳气渐收，阴气渐长，是人体阴阳代谢出现阳消阴长的过渡时期。在此时节，无论饮食起居，还是运动锻炼，皆应以养收为原则。也可根据自身情况，适当进补，以便身体更好地适应渐凉的天气，防止受凉感冒。

処暑——我言秋日胜春朝
しょしょ

「処暑」とは？ | 何谓"处暑"？

　中国語では、「処」は「終わる」を表す。「処暑」とは「暑気がここで終わる」という意味だ。

　処暑は毎年、太陽暦8月23日前後で、この日から気温が徐々に下がり、涼しい季節は「天高く馬肥ゆる秋」と言われる。

　美しい秋空、特に様々な形の雲を眺めるのが初秋に当たる処暑の楽しみで、「七月八月看巧雲」という諺がある。

汉语里"处"有"终结"之意，故"处暑"表示"暑气至此终结"。

处暑以每年8月23日前后为始，此后气温逐渐下降，这般凉爽的季节也被称为"天高马肥好个秋"。

处暑时节，天空澄澈美丽，云朵也千变万化，于是，赏云便成为

处暑即初秋时节的乐趣之一，也有"七月八月看巧云"的说法。

漢詩を読もう｜一起读古诗

唐の詩人・劉禹錫は秋を詠んだ詩の中で「秋はまったく悲しむ季節でない」と強調した。

唐代诗人刘禹锡有一首颂秋的经典之作，诗中强调"秋日绝不是悲伤的季节"。

秋词	秋词
〔唐〕劉禹錫	〔唐〕刘禹锡
古自り秋に逢うて寂寥を悲しむ	自古逢秋悲寂寥，
我は言う秋日春朝に勝ると	我言秋日胜春朝。
晴空一鶴雲を排して上る	晴空一鶴排云上，
便ち詩情を引いて碧霄に到る	便引诗情到碧霄。

「処暑」三候 ｜ "处暑"三候

三候／国家	中国	日本
初候／一候	鷹乃祭鳥	綿柎開 （わたのはなしべひらく）
次候／二候	天地始肅	天地始粛 （てんちはじめてさむし）
末候／三候	禾乃登	禾乃登 （こくものすなわちみのる）

　詩の 3 行目「晴空一鶴排云上」は鶴が颯爽と飛んでいく姿を詠んでいるが、実は処暑の到来を最初に告げる鳥は鶴ではなく、鷹だ。その証拠は中国の「三候」にある。

　中国語では「一候鷹乃祭鳥、二候天地始肅、三候禾乃登」。初候は、鷹が獲物を捕って、すぐ食べるのではなく、地面にずらりと並べておく様子を書いている。それはまるで御先祖様に供えているかのように見えるので「鷹乃祭鳥」という言葉になった。次候の「天地始肅」は、文字通りに草花を含めた万物が枯れ始め、青い大地が黄色くなり始める。そして、末候の「禾乃登」は稲や高粱などの穀物が成熟し、収穫の時期を迎えるという意味だ。

　日本の場合、次候と末候は中国と同じだが、初候が異なる。日本の初候は「綿柎開」、綿の実が弾けて綿が顔を出す意味だ。鷹の獰猛な狩りより、綿畑が純白に広がる情景を選んだのは、イ

107

ンパクトより季節の優（やさ）しさに目（め）を止（と）めてほしいと、昔（むかし）の日本人（にほんじん）が思（おも）っていたからかもしれない。

日本（にほん）では、処暑（しょしょ）の頃（ころ）はお盆（ぼん）の時期（じき）に当（あ）たり、故郷（こきょう）へお墓参（はかまい）りに帰（かえ）るのが一般的（いっぱんてき）だ。一方（いっぽう）、中国（ちゅうごく）の場合（ばあい）、流灯（りゅうとう）を灯（とも）して河（かわ）に浮（う）かべるのが伝統行事（でんとうぎょうじ）で、目的（もくてき）は同（おな）じく、亡（な）くなった家族（かぞく）や親友（しんゆう）を偲（しの）ぶのだ。

诗的第三句"晴空一鹤排云上"吟咏了仙鹤凌云飞起的飒爽英姿，但处暑最具代表的鸟类并非鹤，而是鹰。这点从三候里便可窥知一二。

中国的处暑三候为一候"鹰乃祭鸟"，二候"天地始肃"，三候"禾乃登"。

具体而言，鹰开始捕猎，但并不当即吞食捕获的鸟类，而是衔到地面将它们依次排列，就像祭祀一般，故一候有"鹰乃祭鸟"之说。二候"天地始肃"指的是天地万物开始凋零，大地逐渐变得枯黄。三候"禾乃登"则是指稻子、高粱等谷物成熟，迎来丰收期。

日本的后两候与中国相同，一候却有所区别，为"棉苞开"，即棉花开始进入灶架期。或许，比起老鹰捕食，棉花田里的洁白景致更能让日本古人感受到季节之美吧。

处暑时节，正值日本的盂兰盆节，大部分人都会返乡扫墓。中国的不少地方则会向河里投放荷花灯，目的同样是缅怀至亲。

流灯の言い伝え | 荷花灯的传说

火の神・祝融は炎帝の息子で、人間界に火の使い方を教えたので、人々に尊敬されていた。それを妬んだ水の神・共工は「火と水はどれも日常生活に欠かせないものなのに、なぜ火の神だけが人気者になって自分が無視されるのか」と怒って、祝融に宣戦布告した。

その後、両者は激しい戦いを何百年も繰り返し、火と水は火災と洪水になり、人間界に大きな災難をもたらした。結局、敗れた共工は逃げてしまい、祝融だけは天庭から罰を受けて死刑を言い渡された。祝融は一時の衝動で庶民へ災難をもたらすことを後悔し、弁解せずに、そのまま、自分の魂を蓮の花に託して人間界の河に漂流しながら、彼らの戦いで命を落とした亡霊を集めることによって、罪を償うことにした。

祝融はもともと火と暑い夏を管理する神様だったので、処刑された日は略して「処暑」と呼ばれるようになった。

火神祝融是炎帝的儿子，因把火种带到人间，广受百姓爱戴。这让水神共工心生嫉妒，日常生活离不开水火，为何大家亲近祝融，却无视自己？一怒之下便向祝融宣战。

此后，双方大战几百年。火灾泛滥，洪水倾泻而下，人间从此生灵涂炭。最终，共工战败而逃，留下祝融独自接受惩罚。祝融后悔因一时冲动给天下苍生带来灾难，不为自己辩解，请求被处极刑后，将自己的魂魄寄于荷花之上，在人间的河中漂流，召集水里的死难亡灵，

认赎罪孽。

因祝融主理火焰和炎热的夏季，处刑当日便被称为"处暑"。

処暑の風習 | 处暑习俗

　　処暑の頃は朝晩の気温差に体がついていけず、体調を崩して胃腸や呼吸器系などの病気にかかりやすいため、「多事之秋」という言葉が生まれた。

　　「処暑到，采菱角」というように、上海、杭州など南方の水郷に暮らす人々は、処暑になると旬の植物・菱の実を食べる習慣がある。生でも、炒めても、スープにしても美味しいが、お餅にする食べ方はご存知だろうか。

　　处暑时节，早晚温差较大，人体若来不及调整，容易引发肠胃或呼吸系统疾病，因此，也被称为"多事之秋"。

　　"处暑到，采菱角。"在上海、杭州等南方水乡，人们有处暑吃菱角的习惯。生吃、爆炒、做成汤都很美味，不过你是否知道，它还可以做成糕点呢？

旬の味・菱餅 | 节气美食・菱粉糕

必要な食材 / 所需食材

菱の実、上新粉、練乳

菱角，粘米粉，炼乳

作り方 / 做法

　まず、菱を洗って約３０分煮る。煮た菱は頭と尾を切って、真中から割いて中身を取り出す。そしてスプーンで粉々に砕く。それから、菱の粉と同じ重さの上新粉を入れる。上新粉には胃を暖める効果がある。砂糖と練乳は好みに合わせて入れる。水を入れて５分間ほど混ぜたら、再び鍋で煮る。できた菱の粉はそのまま食べてもいいが、型枠を使うと綺麗な形になって、さらにおいしくなる。

　　洗净菱角，蒸煮约30分钟后，去头去尾，从正中剖开，取出菱肉，用勺子研磨成粉。加入和菱粉等重的粘米粉，粘米粉有暖胃的功效。再根据喜好，加入适量的糖和炼乳。加水搅拌5分钟后，放入锅中蒸熟。蒸熟的菱粉可以直接吃，倒入模具后，外形更漂亮，自然也就更加美味。

豆知識 | 小知识

菱は中国の南方にしか生えないため、北方の場合、処暑の頃、蓮の実、隠元豆、トマト、ブドウなどが旬の味だ。ちょうど初秋で、汗をかかなくなり、体の水分と塩分代謝がバランスよく取れるようになるため、一年で最も元気が出やすい時期だと言われている。よく食べて、よく運動して健康を保とう。

菱角生南国。对北方人而言，处暑的时令果蔬要数莲子、扁豆、番茄和葡萄等。初秋时节，汗水开始变少，人体水分和盐分的代谢平衡逐渐恢复，被认为是一年中最有活力的时光。此时宜多吃多动，保持健康。

白露——清风阵阵吹枕席
はくろ

「白露」とは？ | 何谓"白露"？

　　白露とは露が降り、白く輝くように見える頃という意味で、毎年
9月7日頃〜9月22日頃にあたる。夜の気温がぐっと下がって
空中の水蒸気が冷やされると、水滴になって葉や草花につくよう
になる。秋では、白露という。

　　白露是指露水落下，闪着白光的时期，大约在每年9月7日到9
月22日之间。当夜间气温急剧下降，空气中的水汽遇冷时，就凝结
成露水，附落在叶子和花朵上。在秋天，便叫作"白露"。

漢詩を読もう｜一起读古诗

唐
と
の
詩
し
人
じん
・白居易
はくきょい
は、夜
よる
の涼
すず
しさに秋
あき
の 訪
おとず
れを感
かん
じて、『涼夜有怀』
という漢詩
かんし
を作
つく
った。

唐代诗人白居易通过夜晚的凉意，感受到秋天的如期而至，写下这首脍炙人口的《凉夜有怀》。

涼夜 懐 有り りょう や なつかし あ 〔唐〕白居易 とう はくきょい	凉夜有怀 〔唐〕白居易
清風枕席を吹き せいふうちんせき ふ 白露衣 裝 を溼ほす はくろ いしょう うる 好し是れ相ひ親しむの夜 よ こ あ した よる 漏遅くして天気涼し ろうおそ てんき すず	清风吹枕席， 白露湿衣裳。 好是相亲夜， 漏迟天气凉。

白露三候｜白露三候

三候／国家	中国	日本
初候／一候	鸿雁来	草露白 （くさのつゆしろし）
次候／二候	玄鸟归	鶺鴒鳴 （せきれいなく）
末候／三候	群鸟养羞	玄鳥去 （つばめさる）

　　白露の三候は「一候鸿雁来、二候玄鸟归、三候群鸟养羞」だ。

　　まず、初候の「鸿雁来」は、雁が飛来し始める様子を指す。「清明」の次候にも類似した「鸿雁北」があるが、これは逆に雁が北へ帰って行くという意味だ。すなわち、これら二つの節気で雁が飛来する季節となる「春」の訪れと、春に飛来した鴻雁が再び北へ帰る「秋」を意味している。一方、日本での白露の初候は「草露白」になる。白露と同じ意味で、草花に付着した露が白く見える頃だ。

　　そして、中国での白露の次候は「玄鸟归」だ。玄鳥とはツバメの別名で、「ツバメが南へ帰って行く頃」という意味だ。ツバメは年中暖かい場所を求めて移動する渡り鳥なので、冬が来る前の初秋に暖かい南国へ飛び去っていく。日本では、この頃は「鶺鴒鳴」という次候に入る。鶺鴒は白露の時期になると、小川や

沼地で「チチン、チチン」と甲高い鳴き声をしきりに上げ、繁殖期を迎える。

　最後の末候、中国では「群鳥養羞」で、多くの鳥が食べ物を集めて蓄える頃を指す。冬になると動きづらくなり、作物が雪で埋もれてしまう前に、秋に実った美味しい食べ物を集めて蓄える。その後、冬の休みを満喫する。一方、日本の末候は「玄鳥去」と言い、春にやってきたつばめが子育てを終えて南へ帰っていく頃を指す。これは、「清明」の初候「玄鳥去」、南国からつばめが飛来してくる頃とセットだ。

　白露になると、鳥が南に飛び去って行くほど涼しくなり、人々も長袖に着がえる。中国では「処暑十八盆、白露勿露身」ということわざがある。処暑はまだ暑いので、毎日１８杯の盆の水で体を洗う。しかし、白露になったら、風邪を引かないように上半身は裸になってはいけないという意味だ。また、「白露身不露、赤膊当猪猡」ということわざもある。

　　白露的三候分别是"一候鸿雁来、二候玄鸟归、三候群鸟养羞"。

　　一候"鸿雁来"是指大雁始飞。与"清明"节气的日本二候"鸿雁北"有些相似，但"鸿雁北"意味着大雁北归，含义恰好相反。即两个节气中，一个是代表大雁北归的春天，一个是象征大雁南飞的秋天。到了日本，一候为"草露白"，意味着草木上的露水透白，与"白露"同义。

　　白露二候，在中国为"玄鸟归"。"玄鸟"是燕子的别称，即燕子返回南方之意。燕子是一年四季都在寻找温暖地方的迁徙类候鸟，因此会在初秋"动身"，赶在冬天到来前，飞到温暖的南方。日本的

二候则是"鹡鸰鸣"。白露期间，鹡鸰在溪流和沼泽中"嘶嘶、嘶嘶"地高亢啼叫，正是繁殖的季节。

中国的第三候是"群鸟养羞"。这是鸟儿们储存食物准备过冬的时期。冬天来了，鸟儿行动不便，在秋天丰收的庄稼被雪掩埋前，寻找食物并储存起来，便可过冬了。相反，日本的第三候是"玄鸟去"。春天到来的燕子抚育完孩子又飞回南方，这与日本的清明一候"玄鸟至"，即"从南方飞来"的时节相对应。

白露时，鸟儿南飞，凉意袭来，人们也换上了长袖衣服。在中国民间，有"处暑十八盆，白露勿露身"的说法，意为处暑时节天气依然炎热，每天须用一盆水洗澡，但等到白露，就要避免赤裸上半身，以免着凉。在浙江嘉兴桐乡一带，还流传着"白露身不露，赤膊当猪猡"的谚语。

人間「豚」の言い伝え｜真人"猪猡"的传说

　昔、張という親孝行な息子がいた。張は人の代わりに豚をしめる仕事で生計を立てていた。家は貧しく、病気の母を抱えていた。母の薬を買うために、彼は服を一切買わない。秋になり、周りの人が既に長袖のシャツを着ているのに、張はまだ上半身が裸だった。白露の日に、張は朝5時に起きて仕事に出かけた。寒い暗闇の中、張は急いで歩いていた。その時、ざわざわと小さな音が聞こえたので足を速めた所、うっかり靴の片方を落としてしまった。彼は慌てて身を屈めて靴を探すと、突然二人の男が彼を縛りあげ、「とうとう、

つかまえた！」と叫んだ。男二人がマッチを取り出したのを見て、張は仰天してしまった。実は、彼らは逃げた1匹の豚を探している時、闇の中で白い肉が揺れているのを見て、張を逃げた豚だと勘違いしたのだった。

　　从前，有个姓张的孝子，以帮人杀猪为生，家中还有个生病的老母亲。由于家境贫寒，为了省钱给母亲抓药，张屠户春秋穿得很单薄，夏天索性赤膊。立秋后，天气转凉，人们都已经穿上长袖衬衣，他却仍然光着上身。眼看白露到了，这天，他照例清晨 5 点起床去杀猪，忍着寒冷在黑夜中向雇主家赶去。忽然，他似乎听到一阵轻微的"沙沙"声，不禁加快了脚步。途中不小心掉了只鞋子，便急忙弯身四处寻找。此时，突然冲出两个人，不由分说把他捆了起来。只听一人喊道："终于抓住你了。"见两人拿出火柴，他大声叫喊，两人惊讶起来："怎么是个人呢？"原来，他们在找一只跑丢的大肥猪，在黑暗中看到一堆白肉晃动，便以为是那只逃走的猪。

白露の風習 ｜ 白露习俗

　　白露になると、大部分の地域で降水量が著しく減り、気温はだんだん涼しくなっていく。「白露と秋分の夜は一夜毎に寒くなる」と言われている。気温と湿度が共に急激に変化するため、実は身体にとっては負担のかかる時期でもある。白露の時期には粘膜が弱り、

咳や喉の痛みに悩まされる人が増えるようだ。

肺に潤いを与え、咳などを予防する以外にも暖かく焼いた干しサツマイモがこの時期にぴったりだろう。

白露期间，大部分地区的降水量明显减少，气温逐渐降低。俗话说，"白露秋风夜，一夜凉一夜"。由于温度和湿度骤变，会对身体造成不小的负担。而且，白露季节，由于黏膜作用弱化，咳嗽、咽痛的人越来越多。

此时，除了润肺、预防咳嗽，不妨尝尝烤制的红薯干。

旬の味 · 干しサツマイモ | 节气美食 · 红薯干

必要な食材 / 所需食材

サツマイモ2本 / 红薯2个

作り方 / 做法

まず、サツマイモを綺麗に洗ってから蒸し器に入れて 20 分〜 30 分ほど蒸す。そして、粗熱をとって皮をむき、1 〜 2cm の短冊切りにする。電子レンジで作る場合は、サツマイモをお皿に平らに広げて、2分間加熱する。一度取り出して裏返して、さらに2分間加熱する。そして、風通しの良いところで冷やし、3 〜 4 時間干す。また、オーブンで作る場合は、予熱した後、サツマイモを入

れて100度で 30 分ほど焼く。そして、取り出して風通しの良い場所で 3 〜 4 時間干す。ビタミンCやビタミンE、食物繊維、ポリフェノールなどが豊富なサツマイモ。干すことで甘みと香りがさらに増すのだ。

先把红薯洗净，放入蒸锅里蒸20〜30分钟。放凉后剥皮，切成1〜2cm左右的细条。如使用微波炉，则将红薯条平铺在盘子里，用高火烤2分钟。取出后翻面，再用高火烤2分钟。然后，放在通风处放凉后晒3〜4小时。如使用烤箱，预热后，放入红薯条烤1小时。后改用100度烤30分钟。取出后，放在通风处晾晒3〜4小时。红薯富含维生素C、维生素E、膳食纤维以及多酚，晾晒后，更能激发它的甘甜醇香。

豆知識 | 小知识

漢方では、白露になると、肺と密接な関係にある大腸にも影響が及ぶとされる。便が乾燥して便秘になったり、皮膚や髪も乾燥したりする。そのため、しっかり肌と肺を乾燥から守り、通便に良いサツマイモなどの食事をして体調を整えよう。

中医认为，白露节气，与肺有密切关系的大肠也会受影响。大便干燥会导致便秘，皮肤和头发也会发干。因此，除了保持皮肤和肺部湿润外，还要多吃红薯等有利于排便的食物，积极调节身体状况。

秋分——最是橙黄橘绿时
しゅうぶん

「秋分」とは？ | 何谓"秋分"？

　秋分は毎年新暦の９月２２日〜24日ごろから始まり、年によって変わる。

　春分と同じで、秋分の日は太陽が赤道上にあり、地球上どこにいても昼と夜の長さが同じだ。『春秋繁露』という書物には「秋分は陰と陽が相半ばする。故に昼夜が均等で寒暑が釣り合う」と記載されている。そして、秋分の日は、立秋から霜降までの９０日間を区切る日で、「秋の真ん中の日」を意味する。中国語で「平分秋色」という言葉も秋分に生まれた。

　秋分は、長江流域と北側の地域で気温が下がり、平均気温は22℃を下回る。涼しい風や爽やかな秋を感じるのは人間だけでなく、植物も感じている。

秋分通常始于每年9月22日至24日前后，每年稍有不同。

同春分一样，秋分这天太阳几乎直射赤道，全球各地昼夜等长。《春秋繁露》中曾记载，"秋分者，阴阳相半也，故昼夜均而寒暑平"，描述的就是秋分昼夜平分的现象。与此同时，秋分这天恰好平分了从立秋至霜降的90天，有将秋季平均分开之意，成语"平分秋色"也由此而来。

秋分时节，中国长江流域及其以北的广大地区气温下降，平均气温基本都降至22℃以下。不仅人能感觉到凉风习习，秋高气爽，植物也能感知这份秋意。

漢詩を読もう｜一起读古诗

宋の文人・蘇軾は、友人の劉敬文に贈った詩の中で、少し寒い秋の気配を表現した。

宋代文人苏轼，曾在赠予好友刘景文的诗中，将那份略带寒凉的秋意，生动地表现了出来。

劉景文（りゅうけいぶん）に贈（おく）る

〔宋（そう）〕蘇軾（そしょく）

荷（はす）は尽（つ）きて 已（すで）に雨（あめ）を擎（ささ）ぐる蓋（かさ）無（な）く
菊（きく）は残（おとろ）えて 猶（な）お霜（しも）に驕（おご）る枝（えだ）あり
一年（いちねん）の好景（こうけい） 君（きみ）須（すべ）く記（しる）すべし
正（まさ）に是（これ）橙（とう）は黄（き）に 橘（きつ）は緑（みどり）なる時（とき）

贈刘景文

〔宋〕苏轼

荷尽已无擎雨盖，

菊残犹有傲霜枝。

一年好景君须记，

最是橙黄橘绿时。

秋分三候 ｜ 秋分三候

三候／国家	中国	日本
初候／一候	雷始收声	雷乃收声 （かみなりすなわちこえをおさむ）
次候／二候	蛰虫坯户	蛰虫坯戸 （むしかくれてとをふさぐ）
末候／三候	水始涸	水始涸 （みずはじめてかる）

蘇軾（そしょく）は「菊残犹有傲霜枝」と「最是橙黄橘绿时」という言葉（ことば）で、秋分（しゅうぶん）の頃（ころ）の「好景（こうけい）」を表現（ひょうげん）している。「秋分（しゅうぶん）」の特徴（とくちょう）は他（ほか）に三（みっ）つあり、それは「一候雷始收声」「二候蛰虫坯户」「三候水始涸」だ。
初候の「雷始收声」は「雷（かみなり）が鳴（な）らなくなる」という意味（いみ）だ。秋分（しゅうぶん）から陰（いん）の気（き）が盛（さか）んになるため、雷（かみなり）が鳴（な）らなくなる。そのため、

123

この 雷 は夏の暑さの終わりだけでなく、秋の寒さの始まりの意味がある。次候の「蟄虫坏户」は「虫が土にもぐって見えなくなる」という意味だ。末候の「水始涸」は「田んぼから水を抜いて稲刈りをする」という意味だ。

七十二候は、普通、日本と中国では少し異なるが、秋分の三候は全く同じだ。

秋分の頃は、農作物の収穫に適した時期だが、農家にとって早霜や雨を避けるために収穫を急ぐ必要がある。

そして、秋は収穫だけでなく、動物が落ち着き、植物が枯れ始める季節だ。古代の中国、特に戦国時代には、秋に多くの国が倒れた。その原因には、秋を司る神様の存在があったという。

苏轼的诗句"菊残犹有傲霜枝"和"最是橙黄橘绿时"，描绘了秋分时节的"好景"。除此之外，秋分还有另外三大特征，也就是"三候"，分别是"一候雷始收声、二候蟄虫坏户、三候水始涸"。

一候"雷始收声"意为"不再打雷"。秋分后，阴气开始旺盛，故不再打雷。因此，雷声消失不但是暑气的终结，也是秋寒的开始。而"蟄虫坏户"则指蟄居的小虫藏入穴中，已经看不见了。三候"水始涸"是指排干水田的水，准备收割稻子。

通常来说，日本每个节气的三候和中国都会有些差异，但秋分的三候，与中国完全相同。

秋分是收获作物的大好时机。对农家而言，要及时抢收秋收作物，以免遭受早霜和阴雨的危害。

秋季除了是收获的季节，也是大部分动物逐渐沉静，植物日趋凋零的时节。在中国古代，尤其是战国时期，某些国家的覆灭也同样是在秋季，相传和一位掌管秋天的神灵有关。

虢公丑の言い伝え ｜ 虢公丑的传说

昔、秋と世の中の刑罰を司る「蓐収」という神様がいた。

戦国時代、「虢公丑」という君主は、ある晩、変な夢を見た。寺に参拝していると、西に立つ神様が立っていて、人間の顔に虎の爪、耳には緑色の蛇、肌は白い毛で覆われ、手には斧を持ち、殺気に満ちていた。その神様こそ蓐収だ。虢公丑は恐れをなして駆け出すと、蓐収は「止まれ、逃げるな！」と叫んだ。そして、「天の神は私を遣わし、晋国がお前の国を攻めるように命令した」と言った。

目を覚ました虢公丑は占い師を呼び、夢占いをさせた。占い師は「夢の中の神は蓐収だ。良い夢ではない」と答えた。虢公丑は怒って占い師を捕まえてしまった。そして、別の人々を呼び、良い夢だったと言わせた。

しかし、6 年後、その夢は現実となり、晋国は虢国を滅ぼしてしまった。

从前，天上有位掌管秋天和世间刑罚的神灵，名为蓐收。

战国时期，虢国国君虢公丑有天晚上做了个奇怪的梦，梦见自己

在庙中祭拜时，看到西边站着一位神灵，人面虎爪，耳缠青蛇，皮肤被白毛覆盖，手拿斧头，满面杀气。此人正是蓐收。虢公丑吓得往外跑，只听蓐收大喝："站住，别跑！天帝派我前来，让晋国攻打汝国。"

虢公丑醒来后，召占卜官员解梦，占卜官员回答："陛下梦中出现的是刑神蓐收，不是个好梦。"虢公丑很生气，将占卜官员抓了起来，之后让人昭告天下，说他做了个好梦。

然而，6年后，梦却成为现实，晋国灭掉了虢国。

秋分の風習 ｜ 秋分习俗

これは、中国で有名な「假道伐虢」という物語だ。蓐収は巨大な斧を肩に担ぎ、懲罰の神を象徴している。古くは秋分の日の後、罪人の死刑が行われ、中国語では「秋后问斩」と言う。秋になると蓐収が人間界に降りてきて罰を与えるため、気温が下がると考えられた。

また、秋分は昔「月の祭り」だったが、秋分の日は必ずしも満月ではないので、月の祭りは秋分から中秋に移された。

このほか、秋分には子供たちが凧揚げをしたり、人々が家々を回って「秋牛図」というものを配ったりする風習があった。また、農家では「湯団」を作って竹に刺して畑に置き、雀が作物を傷つけないようにした。これを中国語で「粘雀子嘴」と言う。

这则神话讲的是中国著名的"假道伐虢"的故事。神话中的蓐收肩扛巨斧，是刑罚之神的标志。古代处决犯人都是在秋分日之后，名曰"秋后问斩"。据说，正因为秋季是蓐收降临人间、执行刑罚之时，才会有气温下降的现象发生。

此外，秋分在古代曾是传统的"祭月节"，中国四大传统节日之一的中秋节正是由传统的秋分演变而来。由于每年的秋分不一定都有圆月，后来就将"祭月节"由秋分调至中秋。

除了祭月外，古时的秋分还有许多习俗。例如，秋分当日，孩子们会放风筝，邻里间会挨家挨户送秋牛图。食俗方面，各农家都会吃汤圆。煮熟后，还要用细竹扦子置于田边地坎，名曰"粘雀子嘴"，把偷吃汤圆的麻雀的嘴巴粘住，免得它们破坏庄稼。

旬の味 · 金榍湯圓 | 节气美食 · 桂花汤圆

必要な食材 / 所需食材
白玉粉、こしあん、乾燥桂花、氷砂糖

糯米粉，红豆沙，干桂花，冰糖

作り方 / 做法
まずは生地を作る。ボウルに白玉粉を入れ、水を加えて手でこねる。耳たぶ程度の柔らかさになったら、小分けにして丸める。そして、中にあんを包んで丸める。沸騰したお湯に湯圓と氷砂糖を入れ、

弱火で湯圓が浮き上がるまで、かき混ぜながら茹でる。柔らかくなったら、皿に盛ってドライ桂花を掛ければでき上がり。

将糯米粉和温水混合,揉成面团。待面团像耳垂一样柔软后,将面团揪成小块并按压成面饼。再用面饼将红豆沙包裹起来,揉成汤圆。在锅中倒入适量清水并将其煮沸,放入汤圆和冰糖,用中小火煮至汤圆全部浮起。其间,要不时搅动,以免汤圆粘底。汤圆变软后,将其盛入盘中,撒上干桂花就大功告成了。

豆知識 | 小知识

秋分に桂花湯圓を食べると、体も心も温まる。秋分を過ぎると、風が吹いて気温が下がって寒くなってくるので、寒さや乾燥を防ぎ、体を鍛えて病気に対する抵抗力を高めたいものだ。そして、湯圓のようなもち米で作った食べ物や、蜂蜜、乳製品などを食べて、陽気を補い、肺を潤し、温かく湿った食べ物を多く摂ることが必要だ。

在略带寒意的秋分时节,吃碗热腾腾的桂花汤圆,身心都会暖和起来。秋分之后,凉风袭来,气温逐渐下降,寒凉渐重,更需预防凉燥,坚持锻炼,提高抗病能力。同时,还应多吃温润的食物,如汤圆等糯米类,或是蜂蜜、乳品等,起到滋阴润肺、养阴生津的作用。

寒露——満城尽帯黄金甲
かんろ

「寒露」とは？ ｜ 何谓"寒露"？

　寒露は「露が冷たく、そろそろ霜になる」時期で、毎年、太陽暦の10月8日前後が、その始まりだ。諺には「寒露腿不露」や「喝了寒露水、蚊子挺了腿」などがある。

　寒露の頃は菊が美しく、菊で作った酒を飲んだり、お餅を食べたり、お茶を飲んだりして、菊を楽しむ。これは中国古くからの行事で、暦の9月は「菊の月」と呼ばれている。

寒露是"露气寒冷，将凝结也"之时，每年以10月8日前后为始。民间素有"寒露腿不露"和"喝了寒露水，蚊子挺了腿"之说。

寒露时节，菊花绽放，饮菊花酒、吃菊花饼、喝菊花茶、观赏各种菊花便成为民间传统。所以，农历九月也被称作"菊月"。

漢詩を読もう | 一起读古诗

唐の詩人・黄巣は科挙に落ちた時も 美 しい菊の花を見て元気を取り戻し、名作を書き残した。

賞完傲霜怒放的菊花，即便是科举落第的唐代诗人黄巢，也振奋起精神，写就一首千古名篇。

菊を詠ず〔唐〕黄巣	不第后赋菊〔唐〕黄巢
待ち到る 秋 来九月八 我が花開く後 百花殺れん 天を衝く香陣 長 安に透り 満城 尽 く帯ぶ 黄金の甲を	待到秋来九月八， 我花开后百花杀。 冲天香阵透长安， 满城尽带黄金甲。

寒露三候 | 寒露三候

三候／国家	中国	日本
初候／一候	鸿雁来宾	鴻雁来 （こうがんきたる）
次候／二候	雀入大水为蛤	菊花開 （きくのはなひらく）
末候／三候	菊有黄华	蟋蟀在戸 （きりぎりすとにあり）

　詩の最後の一句「満城尽帯黄金甲」は、長安の町中に菊が咲き、黄金に輝いている様子を表現している。これは、寒露の特徴を纏めた中国の「三候」の末候「菊有黄華」と、日本の次候「菊花開」に当たり、綺麗な菊の花は時や国境を越えて両国の人々の目に映ったことが分かる。それは、雁も同じだ。初候は、いずれも「鴻雁来宾」と言い、雁の群れが暖かい南方に飛んでくる意味だ。

　そして、一番面白いのは中国の次候だ。「雀入大水为蛤」は文字通りに訳すと、雀が海に入って蛤になるという不思議な意味だ。これは、寒さに弱い雀は姿が見えなくなる一方で、浜辺には沢山の蛤が現れる様子を表している。雀と蛤は模様と色が似ていることから、昔の人は雀が蛤に変身したと考えて次候にしたのだ。

　一方、日本の末候は「蟋蟀在戸」で、コオロギが戸口で盛んに鳴く様子を表現している。

寒露の頃、赤い茎、緑の葉、白い花、黒い実が特徴のある穀物がよく食べられる。しかも僅か５０日で収穫できるので、「五穀の王」と呼ばれている。

诗的最后一句"满城尽带黄金甲"描绘的是长安城开满菊花，闪着金色光辉的景致，与中国三候的"菊有黄华"、日本二候的"菊花开"相呼应。晚秋时节，绚丽多彩的菊花跨越时空，在两国古人的眼中相映成趣。相同的物候还有大雁。两国的一候同为"鸿雁来宾"，意即气温下降，大雁成群结队迁往温暖的南方。

不过，最有趣的要数中国的二候"雀入大水为蛤"。若按字面翻译，会让人觉得不可思议，即"麻雀飞入大海变成了蛤蜊"。其实，它表现了怕寒的鸟雀难觅踪影，秋潮把无数蛤蜊冲上海滩的情景。因两者条纹色泽相近，古人便认为"雀入大水为蛤"。

日本的三候则选择了"蟋蟀闹门"，表现了蟋蟀聚集在门前，鸣叫不止的情景。

两国的三候均未提及时令作物，但有一种红茎、绿叶、白花、黑籽的谷物却是寒露时节人们常吃的主食。由于成熟期较短，只需50天左右就可以收获，所以它被誉为"五谷之王"。

蕎麦の言い伝え｜荞麦的传说

昔、ある村に二つの畑があった。その畑は痩せたお爺さんと

太ったお爺さんがそれぞれ耕していた。痩せたお爺さんは心優しい人で、畑で採れた穀物を村人に分けていた。一方、太ったお爺さんは意地悪な人で、採れた穀物をすべて独り占めしていた。

それを知った玉皇大帝は、太ったお爺さんに天罰を与えようと、寒露の日に、彼の畑に雹を降らせるように雨の神に命じた。しかし、雨の神はうっかりして、痩せたお爺さんの畑に雹を降らせて、穀物を駄目にしてしまった。困った村人を見た玉皇大帝は、こっそり秘密の種を痩せたお爺さんの畑に撒いた。種は、あっという間に生長し、粉にすると主食になった。

この作物は、畑から偶然に芽生え、麦のようなので、最初は「巧麦」と名付けられた。そして、いつの間にか、その名前は「蕎麦」になったそうだ。

很久以前，村子里有两块田地，分别归一胖一瘦两个爷爷所有。瘦爷爷心地善良，总会和村民分享田里种的谷物。胖爷爷则自私自利，始终独吞所有谷物。

玉皇大帝知道后，为了惩罚胖爷爷，下令寒露当日大降冰雹，使其田地颗粒无收。孰料雨神忙中出错，用冰雹把瘦爷爷的田地打得面目全非。正当村民们为过冬食物而烦恼时，玉皇大帝向瘦爷爷田里偷偷撒了把种子。种子快速生长，磨成粉后即可作为主食。

这种作物，因碰巧长在田里，且外形酷似麦苗，村民为其取名"巧麦"。后来不知何时，名字被传成了"荞麦"。

寒露の風習 ｜ 寒露习俗

寒露になると寒くなるので、厚着する人が増えるが、一気に厚着するのではなく、徐々に増やしていくほうが健康に良いと漢方では言われている。これは「秋凍」、言わば耐寒能力を鍛えるためだ。

また、寒いと体は栄養を求めるが、古い諺「不時不食」の通り、寒露に最も相応しい一品は旬の味・蕎麦と栗で作る栗ご飯だ。

寒露时节，天气变冷，不少人会增加衣物。但中医建议，此时穿着不宜过厚，且建议逐步添加。这是因为适度的"秋冻"可以增强人体的耐寒能力。

当然，补充营养也是御寒的重要手段。古人云"不时不食"，最适合寒露时节的时令美食便是用荞麦和栗子做的栗子饭。

旬の味・栗ご飯 | 节气美食·栗子饭

必要な食材 / 所需食材

米1椀、蕎麦1/2椀、栗10個、ゴマ適量、醤油、みりん、塩

大米1碗，荞麦半碗，栗子10个，芝麻适量，酱油，料酒，盐

作り方 / 做法

まず、栗を下処理する。切れ目を入れて茹でる。こうすると、栗の皮が軟らかくなって剥きやすくなる。剥いた栗は四つに切って、米と蕎麦の上に載せる。ここからがポイントだ。みりんと醤油をそれぞれ一匙、塩を少し入れると、栗の香りを引き出すことができる。また、水を入れて少し混ぜたら、約30分間炊く。食べる前にゴマをかければ、さらにおいしくなる。

先处理栗子，背面开口后，放入水中煮熟。栗子皮变软后，剥起来会相对容易。将剥完的栗子一切为四，放到大米和荞麦上。接下来是重点。倒入一勺料酒、一勺酱油，再加入少许盐，用来吊出栗子的鲜味。加水搅拌后，煮30分钟即可。吃之前撒上芝麻，会更美味。

豆知識 | 小知识

中国では、蕎麦と栗の他に、「寒露吃芝麻」という習慣がある。

ゴマには黒ゴマと白ゴマがあるが、黒ゴマのほうがビタミンEとカルシウムが多く、良い品だと『神農本草経』に書かれている。

寒露になると、夜が長く、朝晩涼しくなるので、早く寝るのも養生法の一つだ。

除了荞麦和栗子外，中国人素有"寒露吃芝麻"的习惯。

芝麻分黑白两种，黑芝麻中的维生素E和钙质含量更高。故《神农本草经》将黑芝麻列为上品。

到了寒露时节，夜晚变长，一早一晚凉气袭人，所以早睡也是重要的养生法之一。

霜降——霜叶红于二月花

そうこう

「霜降」とは？｜ 何谓“霜降”？

　　霜降は秋の最後の時節で、朝晩の冷え込みがさらに増す。中国の北国や山里では霜が降りはじめる頃で、だんだんと冬が近づいてくる。例年10月23日や10月24日になる。

　　二十四節気のうち、露の様子を表わす節気は三つある。白露、寒露と霜降だ。白露は暑さから涼しさへ変わり、寒露は涼しさから寒さへの転換だ。そのため、「露水先白而后寒」という言葉がある。

　　霜降になると、水蒸気が地面の物に当たって露にならず凍ってしまう。つまり霜花になる。この時、寒さに弱い作物はすでに収穫され、草木も枯れてしまっている。しかし、この時期にもいくつかの色彩がある。例えば、芙蓉の花や菊の花、そして楓の木も葉を赤く染める。

霜降是秋天的最后一个节气，早晚降温更加显著。中国北方地区和山区开始下霜，是冬天慢慢来临的时节。以每年 10 月 23 日或 24 日为始。

在二十四节气中，有三个表现露水形态的节气：白露、寒露、霜降。白露是从夏暑到秋凉的转变，寒露则由凉转寒，故有"露水先白后寒"之说。

到了霜降，水蒸气接触地面，不再形成露水，而是冻结成霜花。此时，不耐寒的作物已经成熟，草木凋零，但天地间仍有些傲霜植物绽放出绚丽色彩，如芙蓉花、菊花和枫叶都会"层林尽染"。

漢詩を読もう｜一起读古诗

唐の詩人・杜牧は紅葉をテーマに名詩を残した。

唐代诗人杜牧以红叶为题，写下了著名的诗篇。

山行	山行
〔唐〕杜牧	〔唐〕杜牧
遠く寒山に上れば石径斜めなり	远上寒山石径斜，
白雲生ずる処人家有り	白云生处有人家。
車を停めて坐ろに愛す楓林の晩	停车坐爱枫林晚，
霜葉は二月の花よりも紅なり	霜叶红于二月花。

霜降三候 ｜ 霜降三候

三候／国家	中国	日本
初候／一候	豺乃祭兽	霜始降 （しもはじめてふる）
次候／二候	草木黄落	霎時施 （こさめときどきふる）
末候／三候	蛰虫咸俯	楓蔦黄 （もみじつたきばむ）

　霜降（そうこう）の三候（さんこう）は「豺乃祭獣、草木黄落、蟄虫咸俯」だ。

　まずは、初候（しょこう）の「豺乃祭獣」は「山犬（やまいぬ）が捕（と）らえた獣（けもの）を並（なら）べる」という意味（いみ）だ。これは、山犬（やまいぬ）が越冬支度（えっとうじたく）をしている様子（ようす）だ。長（なが）い冬（ふゆ）、野山（のやま）は雪（ゆき）に埋（う）もれ、食糧（しょくりょう）となる獣（けもの）たちは冬眠（とうみん）で地中（ちちゅう）に穴（あな）を掘（ほ）って閉（と）じこもってしまう。そこで、秋（あき）のこの時期（じき）にできるだけたくさんの食（た）べ物（もの）を蓄（たくわ）えておくために、狩（か）りをいつも以上（いじょう）に行（おこな）い、冬支度（ふゆじたく）に備（そな）えている様子（ようす）が窺（うかが）える。一方（いっぽう）、日本（にほん）での初候（しょこう）は「霜始降（しもはじめてふる）」と言（い）う。霜（しも）ができる仕組（しく）みとしては、気温（きおん）が零度近（れいどちか）くに下（さ）がることが条件（じょうけん）になってくるので、霜（しも）が見（み）られる季節（きせつ）は晩秋（ばんしゅう）から初春（しょしゅん）までの期間（きかん）に限（かぎ）る。昔（むかし）は朝（あさ）のうちに外（そと）を見（み）ると、庭（にわ）や道沿（みちぞ）いが霜（しも）で真（ま）っ白（しろ）になっていたことから、雨（あめ）や雪（ゆき）のように空（そら）から降（ふ）ってくると思（おも）われていた。そのため「霜（しも）は降（お）りる」という。

　そして、中国（ちゅうごく）における霜降（そうこう）の次候（じこう）は「草木黄落」だ。「草木（くさき）の葉（は）

が黄ばんで落ち始める頃」の意味だ。漢武帝が作った『秋風の辞』には「草木黄落兮雁南帰」と書いてあり、草木は黄色く染まり、やがて落葉し、雁は南へ帰っていく。秋の中国の季節感をよく表現している一文だ。これに対して、日本の次候は「霎時施」で、小雨がときどき降る頃を指す。この時期は、雨が降っても梅雨の時期のように連日続くことはない。しかし、俗に秋の雨の様子を例えて「一雨一度」という言葉があって、秋は雨が1回降るごとに気温がすこし下がると言われている。

最後に、中国における霜降の末候「蟄虫咸俯」についてだが、「蟄虫」とは「地中にこもって越冬する虫のこと」を指す。つまり、地中にこもって越冬する虫がすべて伏せるという意味だ。一方、日本の末候は「楓蔦黄」、もみじや蔦が色づいてくる頃だ。秋になると日照時間が減るので、葉を構成する主成分であるクロロフィルが分解されてしまい、やがて黄色から褐色へ変色して葉を落とす。

霜降になると、多くの農作物や草木などは枯れてしまうが、霜降の時期に熟す果物もある。それは柿だ。

霜降三候分别为"豺乃祭兽、草木黄落、蛰虫咸俯"。

一候"豺乃祭兽"意为豺狼捕获猎物，并将猎物堆在一起，好像在祭天。这是豺狼准备过冬的方式。漫长的冬季，山地被白雪覆盖，猎物们为了冬眠钻入地下。所以，在霜降时节豺狼会比平时捕获更多的猎物，以便尽可能多地储存食物，为过冬做好准备。日本的一候是"霜始降"。只有当气温降到接近0度时，才会结霜。因此，仅在深秋到

初春期间才能看得到霜。清晨朝外望去，院子和路边都结了层白霜，古人以为霜也像雨雪一样从天而降，便称之为"霜降"。

说到霜降二候，中国是"草木黄落"，意为植物叶子枯黄并开始凋落。汉武帝曾作《秋风辞》道："草木黄落兮雁南归。"意为草木枯黄，近乎凋零，大雁南归。这句正表达了中国人对秋天的感怀。日本二候则是"霎时施"，意思是偶尔会下小雨。霜降期间，就算下雨也不像梅雨季那样阴雨绵绵。俗话说"一场秋雨一场寒"，秋天每下一次雨，气温就会下降一点。

最后，在中国的三候"蛰虫咸俯"里，"蛰虫"指的是躲在地下越冬的昆虫，垂下头来不动不食。而日本的三候是"枫蔦黄"，意为枫叶和藤蔓开始变色，随着秋季日照时间减少，叶子的主要成分叶绿素开始分解，很快就由黄变褐，最终脱落。

霜降时期，很多农作物和植物会枯萎，但柿子等部分水果却迎来成熟期。

朱元璋と柿の言い伝え｜ 朱元璋吃柿子的传说

明朝の皇帝、朱元璋は子供の頃は貧しく、食事もできず野宿することが多くあった。

霜降の日、何日も食事をしていなかった朱元璋は、うっかりして坂を転げ落ちた。幸い古い柿の木にぶつかって助かった。上を見ると、たくさんの柿の実があって、朱元璋は木に登って柿をいっぱ

い食べて生き残った。

　数年後、朱元璋は軍隊のリーダーになった。ある時、神様が柿の木の下に立って「柿は人を助け、有能者は国を守る」と話す夢を見た。そこで彼は軍隊で有能な者を抜擢して重用することで、もう一度難局を乗り越えた。

　その後、この物語が代々伝えられ、霜降の時期に柿を食べるのが、中国人にとって重要な習慣の一つとなった。

　　明朝皇帝朱元璋年少时十分贫穷，经常吃不上饭，风餐露宿。

　　某日，恰逢霜降节气。几天没吃饭的朱元璋不小心滚下山坡，幸好被一棵老柿子树挡住，才没摔死。朱元璋抬头看见柿子树上结满柿子，便爬到树上，饱吃一顿"柿子大餐"，保住了性命。

　　几年后，朱元璋参军，成为一方首领。某次遇到危机时，他梦见一位神仙站在柿子树下，笑着说："柿子救命，士子救国。"于是，他通过提拔、重用有才之士，再次渡过难关。

　　后来，"柿子救命"的说法代代相传，霜降时节吃柿子也成为重要的民俗之一。

霜降の風習 ｜ 霜降习俗

　中国語で「柿」は事柄を表す「事」の発音と同じなので、柿を買って食べるのは「喜事连连（おめでたい事が続く）」「事事如意

（すべての事が思い通りになる）」など、縁起が良いとされている。実は、柿はカロテン、ビタミンC、食物繊維などが豊富で、ミネラルの含有量はりんご、梨、桃などよりも高い。霜降の頃に柿を食べて、体の中の熱を下げて肺を潤し、便通にも良いとされている。

汉语里，"柿"与"事"读音相同。所以，买柿子、吃柿子寓意喜事连连、事事如意，很讨口彩。同时，柿子富含胡萝卜素、维生素C和膳食纤维，矿物质含量也高于苹果、梨和桃子等水果。霜降前后吃柿子，有助于清热、生津润肺、润肠通便。

旬の味・柿のジャム | 节气美食·柿子酱

必要な食材 / 所需食材

熟（じゅく）した柿（かき）8個（こ）、レモン1個（こ）、氷砂糖（こおりざとう）と塩適量（しおてきりょう）

熟柿子8个，柠檬1个，冰糖和食盐适量

作り方 / 做法

　まず、柿（かき）をきれいに洗（あら）って皮（かわ）とヘタを取（と）り除（のぞ）いてから、ジューサーで絞（しぼ）る。次（つぎ）に鍋（なべ）に柿（かき）の汁（しる）を入（い）れ、レモン汁（じる）を絞（しぼ）って混（ま）ぜる。そこに氷砂糖（こおりざとう）を適量（てきりょう）、塩小（しおこ）さじを加（くわ）えて混（ま）ぜる。強火（つよび）で沸（わ）かしてから、弱火（よわび）でよく煮（に）る。柿（かき）にとろみがついて来（き）たら火（ひ）を止（と）める。粗熱（あらねつ）がとれたら、水（みず）も油（あぶら）もないボトルに入（い）れて、冷蔵庫（れいぞうこ）で密封保存（みっぷうほぞん）すれば良（よ）い。トマトソースの代（か）わりに使（つか）ったり、パンに塗（ぬ）って食（た）べたりすると美味（おい）しい。

　将柿子洗净后，去除外皮和果蒂。取出果肉，放入榨汁机中榨成汁液。随后，将柿子汁倒入锅内，再挤入柠檬汁，混合均匀。加入适量的冰糖和半小勺食盐，搅拌均匀。大火烧开后，再小火慢熬。等锅中柿子酱变成浓稠状时，即可关火。晾凉后，盛入无水无油的瓶中，放入冰箱密封保存即可。平时既可以代替番茄酱，又能涂抹在面包上直接食用，好吃又方便。

豆知識 | 小知识

　柿は霜に触れると更に甘く、ジューシーになって美味しさが増す。中国では「霜降吃一柿，一冬不感冒」という諺があって、霜降の時期に柿を食べると、一冬風邪を引かないという意味だ。つまり柿は養生にも役立つ。

　霜降になると、寒気が強まる。風邪を引かないよう注意するほか、水分もたっぷりとって乾燥を防ごう。

　霜打的柿子更甜美、更多汁。中国有句谚语，"霜降吃一柿，一冬不感冒"，意为霜降吃完柿子后，整个冬天都不会感冒，可见其调养身体的功效之高。

　到了霜降，寒气更甚，注意不要着凉。此外，建议多喝水，防止干燥。

冬

時節の美

立冬——红叶满阶头
りっとう

「立冬」とは？ | 何谓 "立冬"？

　「立冬」は「冬の始まり」を意味する。立冬は毎年、新暦の１１
月７日前後で、年によって変わる。

　「立冬」は中国で「立春」「立夏」「立秋」とともに「四立」
と呼ばれ、それぞれ「春の作付け」「夏の耕作」「秋の収穫」「冬
の貯蔵」という四つの農作業に対応している。「立」は中国語で
「始まる」という意味で、「冬」は「終わり」を意味するから、
「立冬」も万物の休眠の始まりを意味する。

　立冬は日照時間が短くなり、１年の後半に地表に「蓄積熱」が
あるため、まだあまり寒くない。しかし、中国は広いので、場所によっ
て気候も違う。例えば、南部では冬の始まりは風が強く、日差しの
強い「陽春」という現象がある。北部では、すでに初雪が降って

148

いる場所もある。そして、気候も雨の少ない乾燥した秋から雨の多い寒い冬へと徐々に変化していく。

　　"立冬"代表着冬季的开始，通常以 11 月 7 日前后为始，每年稍有不同。

　　立冬与"立春""立夏""立秋"合称"四立"，分别对应着"春耕""夏耘""秋收""冬藏"这四项农事活动。"立"有起始之意，而"冬"则有"终"的意思。因此，立冬节气也意味着万物进入休眠状态。

　　从气象变化上来看，立冬时节，虽说日照时间持续缩短，但因地表尚有"积热"，所以通常不会太冷。但是，由于中国南北跨度大，各地气候会有所差别。比如，初入立冬时，南方地区常会出现风和日丽的"小阳春"。而在北方，大部分地区则会降下初雪。同时，气候也会由原来少雨干燥的秋季，逐渐向阴雨较多的寒冬过渡。

漢詩を読もう｜一起读古诗

　　宋の詩人・銭時は立冬の気温の変化と情景を詩に詠んだ。

　　宋代诗人钱时就曾有感而发，将立冬到来时的气温变化及景象，用诗记录下来。

立冬前一日霜菊に対して感有り

〔宋〕銭時

昨夜 清霜 絮裯 冷える

紛紛として紅葉 階頭に満つ

園林 掃き尽して 西風去る

惟黄花 秋に負ず有り

立冬前一日霜对菊有感

〔宋〕钱时

昨夜清霜冷絮裯，

纷纷红叶满阶头。

园林尽扫西风去，

惟有黄花不负秋。

立冬三候 | 立冬三候

三候／国家	中国	日本
初候／一候	水始冰	山茶始開 （つばきはじめてひらく）
次候／二候	地始冻	地始凍 （ちはじめてこおる）
末候／三候	雉入大水为蜃	金盏香 （きんせんかさく）

　立冬の三候は中国語で「一候水始冰」「二候地始冻」「三候雉入大水为蜃」だ。初候の「水始冰」は「水が凍り始める」、次候の「地始冻」は「地も凍り始める」という意味だ。末候の「雉入大水为蜃」は「キジが海に入って大きなハマグリになる」という意味だ。古代の中国では、キジとハマグリは見た目の模様が似ているので、キジが海に入ってハマグリになったと考えられていた。

一方、日本の立冬の三候は中国と少し違う。日本の初候は「山茶始開」と呼ばれ、「山茶花の花が咲く」という意味だ。次候は中国と同じ「地始凍」。しかし、末候は「金盞香」で、「キンセンカの花が咲いて良い香りが漂う季節」を意味している。

また、立冬は収穫の時期だが、時々広く雨が降って冷え込むことがあるので、農作業に防寒対策が必要だ。古代の人々は服を増やす以外に、もう一つ防寒対策があった。

立冬三候分别为"一候水始冰""二候地始冻""三候雉入大水为蜃"。"水始冰"的意思是时至立冬，水已经能结成冰。"地始冻"则是指土地开始冻结。而"雉入大水为蜃"中的"雉"指的是野鸡一类的大鸟，"蜃"为大蛤，意为立冬后，野鸡一类的大鸟不再多见，海边却能看到外壳与野鸡颜色相似的大蛤。所以中国古人猜想，野鸡到立冬后便成了大蛤。

在日本，由于气候及地理位置不同等原因，立冬三候与中国有所不同。一候"山茶始开"，意为山茶花逐渐绽放。二候与中国的一候相同，同为"地始冻"。三候则变成"金盏香"，金盏指的是水仙，意味着水仙花开、香气袭人的季节到来。

　　此外，立冬还是秋收冬种的时期，面对不时出现的大范围阴雨天气、寒潮、大幅降温等情况，从事农活时还要做好御寒工作。除了添衣保暖外，古人还有另一种御寒方式。

餃子の言い伝え｜ 饺子的传说

　　東漢末期、「医療の聖人」と呼ばれた張 仲 景は長 沙太守だったが、辞任した。張 仲 景は故 郷に帰る途中 、飢えと寒さで、両 耳が凍 傷になり、腸チフスにかかる人が多いのを見た。そこで張 仲 景は、長 年の経験をもとに、羊 肉と唐辛子と寒さや暑さを払う薬草を煮て、耳の形 をした生地で包み、スープと一緒に人々に配ったのだ。

　　このスープを食べると、凍 傷が治るだけでなく、腸チフスも治った。それ以来、毎年冬の初めになると「娇耳」という生地を作った。この「娇耳」は、その後、餃 子の原型になった。

> 　　东汉末年，"医圣"张仲景曾任长沙太守。他见南方百姓饥寒交迫，两只耳朵均被冻伤，被伤寒所困，遂根据多年的行医经验，支起一只大锅煎熬羊肉、辣椒和祛寒提热的药草，并用面皮包成耳朵形状。煮熟后，连汤带食赠予百姓。
>
> 　　百姓吃完药汤后，不仅治好了冻耳，还抵御了伤寒。以后，每年入冬，大家都开始模仿制作，并称其为"娇耳"。此后，"娇耳"便成为饺子的原型。

立冬の風習 ｜ 立冬习俗

　この伝説は「初冬になると餃子を食べる」という言い伝えの起源になっている。餃子は冬の始まりに食べるだけでなく、家族団欒や大きなお祭りでも食べる。また、餃子の発音は秋冬交代を意味する「交子之时」の音と同じなので、この時期に餃子を食べるようになったと言われている。

　　这个传说正是"冬季吃饺子"的由来。当然，吃饺子不仅限于立冬，家人团圆或每逢重大节日，中国人特别是北方人都有吃饺子的习惯。立冬吃饺子还有一个原因，此时正值秋冬交替，即"交子之时"，民间便取其谐音，出现了"交子之时，饺子不能不吃"的说法。

旬の味・水餃子 ｜ 节气美食・水饺

必要な食材 / 所需食材

　餃子の皮、豚のミンチ、白菜、ネギと生姜少々、塩、油、醤油と料理酒適量

　　饺子皮，猪肉馅，白菜，葱姜少许，盐、油、酱油和料酒适量

作り方 / 做法

まずは餃子の具を作る。ネギと生姜をみじん切りにする。白菜もみじん切りにする。そして、ミンチが入ったボールの中に入れ、油、塩、醤油、料理酒を加えてよく混ぜる。白菜の茎の部分は水分が多く餃子が割れやすくなってしまう。その為、出来るだけ葉の部分を多く使うようにしよう。

具が出来たら、餃子の皮の真ん中に具をのせ、両手で端から中央に向かって包んでいく。餃子を包んだら、沸騰したお湯に入れて茹でる。餃子が浮き上がってきて皮が透明になったら、出来上がり。黒酢を付けて食べると、さらにおいしくなる。

先来制作馅料。把葱和生姜切碎，白菜也要切碎。将猪肉剁成肉馅放入盆中，加入葱姜末、油、盐、酱油、料酒搅拌。再将白菜放入肉馅中搅拌均匀。由于白菜茎水分含量较高，建议尽量多使用白菜叶，否则饺子烧煮时较易破损。

准备好馅后，取出饺子皮，放入适量肉馅，再将边缘捏起向中间聚拢，包成饺子状。包好后放入开水中煮，待饺子浮上来，面皮变得透明即可食用。蘸着醋吃味道更佳。

豆知識 | 小知识

　秋から冬にかけては栄養を摂るのに適した季節で、特に体を温める食材を食べると良いだろう。漢方では陰の気を養い、乾燥を潤すために、温かい水を多めに飲むとよいとされている。また、冬は免疫力が下がるので、運動しすぎると風邪をひきやすくなる。適度な運動を心がけよう。

　　秋冬时节是补充营养的最佳季节，宜多吃温润的食品。中医认为，为养阴润燥，可多喝温水。此外，由于冬季人体免疫力下降，过量运动容易感冒，要注意适度运动。

小雪——风雪夜归人
しょうせつ

「小雪」とは？ ｜ 何谓"小雪"？

　小雪は毎年太陽暦の 11 月 22 日ごろに始まり、この頃から寒さが増してくる。しかし、雪は降っても少なく、ほとんど積もらないため、小雪は冬の「序章」と言われる。

　中国では「小雪腌菜、大雪腌肉」ということわざがあり、小雪は昔から保存食づくりの時期だ。春節に備えるため、どの家もソーセージやベーコン、ハムなどを窓に吊り下げて乾燥するのを待つ。

　小雪节气以每年 11 月 22 日前后为始。此时寒气渐增，虽偶有降雪，但雪量偏少，无法堆积，故小雪被称为"冬季序章"。

　中国素有"小雪腌菜，大雪腌肉"之说。自古以来，小雪一过，便是腌制食品的时期。为了迎接春节，家家户户都将腊肠、腊肉、火

腿等挂到窗边，等待干燥的寒风将其风干。

漢詩を読もう｜一起读古诗

唐の詩人・劉長卿は雪に逢って泊まった山奥の民宿で、保存食づくりという冬の風物詩を見たのではないだろうか。

唐代诗人刘长卿，在小雪之夜投宿山间民居时，想必也看见了腌菜这般冬季特有的景致吧。

雪に逢って芙蓉山主人のもとに宿る 〔唐〕劉長卿	逢雪宿芙蓉山主人 〔唐〕刘长卿
日暮れて蒼山遠く	日暮苍山远，
天寒くして白屋貧し	天寒白屋贫。
柴門に犬の吠ゆるを聞く	柴门闻犬吠，
風雪 夜帰の人	风雪夜归人。

小雪三候 | 小雪三候

三候 / 国家	中国	日本
初候 / 一候	虹蔵不见	虹蔵不見 （にじかくれてみえず）
次候 / 二候	天气上升 地气下降	朔風払葉 （きたかぜこのはをはらう）
末候 / 三候	闭塞而成冬	橘始黄 （たちばなはじめてきばむ）

　　小雪の時期になると、気温が徐々に下がり、雨が雪に変わるため、虹が見られなくなる。そのため、小雪「三候」は「虹蔵不見」から始まるのだ。その続きの次候と末候は、陰陽と気を取り入れて、次候が「天気上升地气下降」、末候が「闭塞而成冬」だ。詳しく説明すると、次候の「天气上升地气下降」は、太陽の陽気が上がり、地の陰気が下がる意味だ。天地は巡らず、陰陽も交わらないので、世間は閉塞して万物は生気を失い、厳寒の冬になる。つまり、末候の「闭塞而成冬」になるのだ。

　　一方、日本の小雪の三候は初候の「虹蔵不見」だけ中国と同じだ。次候は「朔風払葉」に変わり、「朔」は北の意味で、北から吹いてくる木枯らしが植物の葉を払い落とす風景を指す。そして、末候の「橘始黄」は文字通りに橘の実が黄色くなり熟す意味だ。

　　みかんの他、小雪になると、日本人はよく柿や柚子、りんごなど

を食べるが、中国人の場合、もち米で作った糍粑を食べるのが習慣だ。

小雪时节，气温持续下降，雨水凝结为雪，无法形成彩虹。所以，中国的小雪三候以"虹藏不见"为始，再引入阴阳五行，二候"天气上升地气下降"，三候"闭塞而成冬"。具体来说，二候的"天气上升地气下降"指的是空中阳气上升，地面阴气下降，导致天地不通，阴阳不交，万物失去生机，转入严寒冬季，也就是三候的"闭塞而成冬"。

日本的小雪三候中，仅一候"虹藏不见"和中国相同。二候变为"朔风拂叶"。"朔"指北方，意为从北方吹来的寒风，将树叶吹拂落地。三候"橘始黄"意为橘子果皮开始变黄，即将迎来成熟的季节。

除橘子外，小雪时节日本人还常吃柿子、柚子、苹果等。在中国，小雪节气吃糍粑是南方地区的传统民俗。

糍粑の言い伝え ｜ 糍粑的传说

春秋時代。呉国の王・闔閭は敵の来襲を防ごうと、伍子胥に城を築かせた。夫差が即位後、丈夫な城を見て大喜びして享楽の毎日を過ごすようになった。伍氏は「治に居て乱を忘れず」と何度も戒めたが、夫差は聞き入れるどころか、うるさい伍氏に罪を押し付け自殺に追い込んだ。

伍氏がなくなった後、ある小雪の日に越国が呉国に攻め込み、城

を囲んだ。兵糧攻めで庶民を餓死させる作戦だ。困った庶民たちは「いざという時は城の壁を掘れ」という伍氏の遺言を思い出した。城の壁の土台は、すべてもち米で作ったレンガだったのだ。

人々は、もち米を食べて寒い冬を凌いだ。その後毎年、小雪の日に、もち米で作った糍粑を食べて、伍氏を偲んだのだった。

春秋时期，吴王阖闾为防外敌入侵，命伍子胥修建城池。夫差继位后，看到城池坚固，心中大悦，便开始了歌舞升平的享乐时光。伍子胥多次劝诫"居安思危"，夫差不仅不为之所动，还以妖言惑众之罪，命伍子胥自刎。

伍子胥去世后不久，在一个小雪之日，越国举兵讨伐吴国，将城池包围，想要通过断粮饿死全城百姓。被困的百姓想起伍子胥的遗言"百姓有难，当掘地三尺"，发现城墙的基石竟是糯米压成的砖块。

靠着啃食"砖块"，百姓们渡过了严寒。此后，每到小雪之日，人们都会吃糯米糍粑以纪念恩人伍子胥。

小雪の風習 | 小雪习俗

小雪の時期、体から陽気が減るので、漢方ではマトンやロバの肉など、カロリーが高い物を食べるようにアドバイスする。また、体内の陽気を補うため、黒い物を食べると健康に良いそうだ。例えば、玄米、黒豆、黒キクラゲや黒ゴマなど。

小雪期间，人体阳气减弱，中医建议多吃羊肉、驴肉等高热量食物。为了补充体内阳气，也可以吃些对健康有益的黑色食物，比如糙米、黑豆、黑木耳、黑芝麻等。

旬の味・黒ゴマのお汁粉 | 节气美食・黑芝麻糊

必要な食材 / 所需食材

黒ゴマ 100g、もち米 250g、砂糖 50g、種を取ったナツメ 10 個

黑芝麻 100 克，糯米 250 克，砂糖 50 克，去核红枣 10 个

作り方 / 做法

まず、黒ゴマを炒る。油は入れずに弱火で 10 分間ぐらい炒る。ゴマがパチパチはじけたら火から下ろす。また、黒ゴマと同じように、もち米も約 10 分間炒る。米が白から黄色に変わったらいい。炒ったもち米と黒ゴマ、そして、ナツメと砂糖をグラインダーに入れて粉にする。もち米を混ぜるのは粘りを出すだけでなく、黒ゴマの油分をもち米が吸収してくれるので、食べやすくなる。できた粉は、湿気を防ぐため、ガラス瓶に入れて保存しよう。この粉にお湯を注ぐと、1 分間も経たないうちに美味しい黒ゴマのお汁粉ができる。牛乳で作ると栄養満点だ。

时节之美 | 二十四节气里的中国

先炒黑芝麻，不要放油，小火翻炒约 10 分钟，直到芝麻噼啪作响。再炒糯米，和黑芝麻一样，翻炒 10 分钟左右，待糯米由白变黄即可。将炒熟的糯米、黑芝麻、红枣、砂糖倒入搅拌机，打成粉末。糯米的作用在于增加黏性，减少油腻口感，是制作美味黑芝麻糊的诀窍。为了防潮，打成的粉末可放入玻璃瓶保存。在粉末中加入热水，不到 1 分钟，美味的芝麻糊就做好了。若用牛奶冲泡，则营养更佳。

豆知識 | 小知识

黒ゴマは栄養豊富な冬の養生法として、よく知られている。

冬の養生法は他にもあるが、面白いことに清代の養生専門家・曹慈山は著書の『老老恒言』で、無料の養生法を紹介している。それは日向ぼっこだ。

背中を太陽に向けて座ると、背中が暖かくなって、体内に陽の気が生まれ、体全体が暖かくなる。

その時に、黒ゴマのお汁粉を飲んだら、まさに鬼に金棒。小雪の寒さを吹き飛ばそう。

黑芝麻补肾养气，价格便宜，是性价比颇高的养生食品。

冬季有很多养生法，有趣的是，清代养生专家曹慈山在其著作《老老恒言》中，分享了一则免费的养生法，即晒太阳。

"背日光而坐……脊梁得有微暖，能使遍体和畅。"

此时，若是再小啜一口黑芝麻糊，更是"如虎添翼"，再也无须惧怕小雪的寒气了。

162

大雪——夜深知雪重
たいせつ

「大雪」とは？｜ 何谓 "大雪" ？

　大雪は雪が盛んに降りだす頃で、毎年 1 2 月 7 日頃〜 1 2 月 2 1 日頃にあたる。クマやカエルなどの動物が冬眠に入るのもこの頃で、3 月初旬の啓蟄まで起きない。この時、中国の北の地域では、最低気温が 0℃以下に下がり、文字通り大雪になる地域もある。

大雪节气是指每年下雪较多的时候，一般在 12 月 7 日至 12 月 21 日左右。熊和青蛙等动物也是在此时开始冬眠，直到来年 3 月上旬的惊蛰才会苏醒。此时，中国北方地区的最低气温会降至 0℃以下，部分地区将飘起大雪。

漢詩を読もう｜一起读古诗

唐の詩人・白居易は、ある雪が降った夜、この名作を残した。

唐代诗人白居易，在一个大雪纷飞的夜晚留下了这首千古名诗。

夜雪〔唐〕白居易	夜雪〔唐〕白居易
已に訝る衾枕の冷やかなるを 復た見る窓戸の明らかなるを 夜深くして雪の重きを知る 時に聞く折竹の声	已讶衾枕冷， 复见窗户明。 夜深知雪重， 时闻折竹声。

大雪三候 | 大雪三候

三候／国家	中国	日本
初候／一候	鹖鴠不鸣	閉塞成冬 （そらさむくふゆとなる）
次候／二候	虎始交	熊蟄穴 （くまあなにこもる）
末候／三候	荔挺出	鱖魚群 （さけのうおむらがる）

大雪三候は「一候鹖鴠不鸣、二候虎始交、三候荔挺出」だ。

まずは、初候の「鹖鴠不鸣」の「鹖鴠」は俗称「寒号鸟」で、大雪になると、鳴かなくなる。一方、日本の初候は「閉さ塞成冬」で、中国小雪の候と同じだ。

そして、中国の次候の「虎始交」は、虎が交尾を始める頃だ。虎は冬に繁殖期を迎え、妊娠期間はおおむね100日前後、1回のお産で1頭～5頭産み落とす。日本の次候は「熊蟄穴」で、熊が穴に入って、冬ごもりを始める頃を指している。冬眠している間、熊は何も食べずに過ごすので、秋の間に沢山狩りをして丸々と太る。熊の他にも、しまりすや蛙、こうもりもこの時期に冬眠を始める。

最後、末候の「荔挺出」だが、「荔」はある植物のことを指す。一方、日本の末候は「鱖魚群」と言い、鮭が群がって川をさかのぼっていく頃を指す。川で産まれた鮭は海を回遊し、産卵のために、

生まれ故郷の川に戻る。北国では冬を代表する光景のひとつであり、迫力のある遡上を見ることができる。

大雪有三候，即"一候鹖鴠不鸣，二候虎始交，三候荔挺出"。

一候"鹖鴠不鸣"。鹖鴠就是寒号鸟，大雪一到便不再鸣叫。日本的一候叫"闭塞成冬"，与中国小雪三候相同。

中国的二候"虎始交"是指老虎开始交配。老虎冬天迎来繁殖期，妊娠期大约100天左右，每胎1～5头。日本的二候则是"熊蛰伏穴"，意为熊进洞穴开始过冬。因为冬眠期间什么都不吃，所以秋天时，熊会大量狩猎，"大吃大喝"变得很胖。除熊之外，松鼠、青蛙、蝙蝠等动物也开始冬眠。

中国的三候是"荔挺出"。"荔"是一种植物。日本的三候"鳜鱼群"指的是河里出生的鳜鱼成群洄游，为了产卵回到故乡的河川。在北方，鳜鱼逆流而上是冬天特有的景致之一，气势磅礴。

寒号鳥の言い伝え ｜ 寒号鸟的传说

昔、寒号鳥という鳥がいた。普通の鳥とは違って、高く飛ぶことはできないが、夏になると、全身にきらびやかな羽が生え、とても美しい鳥だ。寒号鳥は自分が一番美しい鳥だと自負していた。一日中、羽を揺らしながら、あちこちで自慢している。

夏が過ぎ秋が来ると、暖かい冬を過ごそうと南へ飛んでいく鳥

もいれば、餌を集めたり、巣を直したりして、冬支度をしている鳥もいる。ただ寒号鳥だけが何もすることなく、羽の自慢ばかりしていた。

冬が来ると、鳥たちは暖かい巣に入った。寒号鳥は、きれいな羽がすっかり抜けてしまった。寒号鳥は寒くて堪らなく、夜は石の隙間に隠れ、夜が明けたら必ず巣を作ると誓った。しかし夜が明け、暖かい日ざしが差し込むと、夜の寒さを忘れて巣を作らなかった。

大雪になると、寒い風が吹き、日ざしもいつもの暖かさを失った。その結果、寒号鳥は寒さに耐え切れず、とうとう岩の隙間で凍死してしまった。

　　从前，有种名叫"寒号鸟"的小鸟，它不像普通的鸟儿那样会高飞。一到夏天，全身会长满绚丽的羽毛，十分美丽。寒号鸟非常骄傲，觉得自己是天底下最漂亮的鸟，整天摇晃着羽毛，到处炫耀。

　　夏去秋来，有的鸟儿结伴飞到南边，准备在那里度过温暖的冬天。有的鸟儿整天辛勤忙碌，积聚食物，修理窝巢，做好过冬准备。只有寒号鸟无所事事，光顾着炫耀羽毛。

　　冬天到来，鸟儿们都回到自己的温暖窝巢。这时的寒号鸟，全身绚丽的羽毛都已落光，夜里只能躲在石缝里瑟瑟发抖，发誓等天亮之后，就给自己造个小窝。然而，天亮之后，沐浴在暖意融融的阳光下，寒号鸟就忘记了夜晚的寒冷，放弃造窝。

　　到了大雪时节，北风呼啸，阳光失去往日的温暖。寒号鸟没能熬过这寒冷的节气，最终冻死在岩石缝里。

大雪の風習 | 大雪习俗

大雪になると、冬はだんだん深まり、温かい食べ物が恋しくなる時期だ。冬の薬膳と言えば、「黒い」食べ物、昆布、黒ごま、黒豆や黒キクラゲなどを食べたほうがいい。

大雪时节，随着冬意渐深，人们喜欢热乎乎的食物。说到冬天的药膳，很多人会联想到"黑色食物"。建议多吃海带、黑芝麻、黑豆、黑木耳等。

旬の味・昆布と豆腐の煮物 | 节气美食·海带炖豆腐

必要な食材 / 所需食材

豆腐 250g、昆布 125g、塩、ショウガ、ネギと油適量

豆腐 250 克，海带 125 克，盐、姜末、葱花、油适量

作り方 / 做法

まず、昆布を菱形に切る。豆腐を大きめに切り、鍋に入れて沸騰させ、粗熱をとってから細かく切る。そして、鍋に油を入れて、ネギ、ショウガを加えて炒める。香りが出たら豆腐と昆布を入れ、適量の水を加える。沸騰したら適量の塩を加えて、弱火で昆布や豆腐に味

がしみたら出来上がり。

昆布は大雪の旬の食べ物だ。冬に昆布を食べると、寒さに強くなる。

先将海带泡发、洗净、切成菱形。再将豆腐切成大块，放入锅内煮沸。捞出过凉，切丁。接着，锅内放油烧热。加入葱花、姜末煸至香味出来，放入豆腐丁、海带片并加入适量清水。沸腾后，加入适量的盐，改用小火，炖至海带、豆腐入味时，即可出锅。

海带是大雪节气的食补佳品。冬季食用，可增加人体的抗寒能力。

豆知識 | 小知识

昆布以外にも大雪の時期に旬を迎える食べ物には、カキやブリといった海鮮やニラ、白菜などの野菜がある。

冬は寒いから、つい室内に閉じこもりがちになり、血行不良や便秘になりやすいため、旬の根菜類も上手に食事に採り入れて体調管理に生かそう。

人間も日照時間が短くなると、活力が落ち気味だ。次の節気は日照時間が1年で最も短い「冬至」で、年末の忙しさも加わって、体調を崩しやすくなる。大雪の頃から、しっかりと体調管理をして、年末のラストスパートに備えよう。

除了海带，大雪应季的食物还有牡蛎、鲥鱼等海鲜，以及韭菜、白菜等蔬菜。

　　由于冬天寒冷，人们常躲在室内，较易造成血液循环不畅或便秘。因此，要食用应季根菜类食物，以调理身体。

　　和植物一样，人体接受日照的时间变短，活力也会下降。大雪的下一个节气将是全年日照时间最短的"冬至"，加上年末的忙碌，身体很容易出问题。所以，从大雪时节开始，就该好好管理身体，为年末的最后冲刺做好准备。

冬至──何堪最长夜
とうじ

「冬至」とは？ | 何谓"冬至"？

「冬至」は毎年 12 月 21 日前後で、年によって変わる。

冬至は、太陽が最も南の南回帰線にあるため、北半球は日中が一番短く、影が最も長くなる日だ。

冬至は中国語で「数九寒天」と言われる。この「数九」は冬至から数えて、9 日間ごとを一つの区切りとし、9 番目まで数える時、寒い冬が去る時期を迎える。

冬至通常在每年 12 月 21 日前后，每年稍有不同。

冬至这天，由于太阳光直射南回归线，因此成为北半球各地白天最短、影子最长的一天。

时至冬至，也意味着中国各地即将进入全年最寒冷的阶段，也就

是民间常说的"数九寒天"。所谓"数九"是从冬至算起，以九天为一个单位计时，等数到"九九"八十一天时，便到了寒冬消散、暖意融融之时。

漢詩を読もう | 一起读古诗

唐代の詩人・白居易は、冬至の「数九寒天」に自らの感情を重ね合わせ、心に染み入る作品を書いた。

唐代诗人白居易曾把冬至"数九寒天"的特征和自身情感相结合，留下一首打动人心的作品。

冬至夜 湘霊懐ふ 〔唐〕白居易	冬至夜怀湘灵 〔唐〕白居易
艶質 見るに由し無く 寒衾 親しむ可からず 何ぞ堪へんや 最も長き夜に 倶に独り眠る人と作れるを	艳质无由见， 寒衾不可亲。 何堪最长夜， 俱作独眠人。

冬至三候 | 冬至三候

三候／国家	中国	日本
初候／一候	蚯蚓结	乃東生 （なつかれくさしょうず）
次候／二候	麋角解	麋角解 （さわしかのつのおつる）
末候／三候	水泉动	雪下出麦 （ゆきわたりてむぎいずる）

　　冬至の三候は「一候蚯蚓结、二候麋角解、三候水泉动」だ。初候の「蚯蚓结」は、「土の中のミミズは丸まっている」という意味だ。次候の「麋角解」は、鹿のツノが落ち始めるという意味だ。末候の「水泉动」は、冬至を過ぎると、太陽の動きが新しい周期に入り、高度が上がって日が延びるので、「山の中の泉の水は流れ温もりを持つ」という現象を表している。

　　これに対し、日本の初候と末候は中国と異なる。初候は「乃東生」で、「ウツボグサの芽が出て来る」という意味だ。ウツボグサは冬に芽を出し、夏に枯れる植物だ。末候は「雪下麦生」で、雪の下から麦の芽が出てくる季節を指す。

　　冬至は二十四節気の中でも特に重要な日で、中国では先祖を祭り、宴会を開くなどの行事を行う。宴会では必ず餃子やワンタンが食卓に並ぶ。餃子は張仲景が作った「娇耳」というものが起源だ。ワンタンにも、ある伝説がある。

冬至有三候，分别是"一候蚯蚓结，二候麋角解，三候水泉动"。其中，一候"蚯蚓结"是指土中蚯蚓因寒冷蜷缩着身体。二候"麋角解"是指麋鹿感到阴气渐退，鹿角逐渐脱落。而三候"水泉动"则描述了冬至后，太阳往返运动进入全新循环，高度自此回升，白昼逐日增长，山中泉水因此出现流动且温热的自然现象。

日本的一候和三候与中国不同。一候为"乃东生"，意为夏枯草逐渐发芽。夏枯草是冬季发芽、夏季枯萎的植物。三候为"雪下出麦"，意为秋种时的小麦从积雪下露出芽来。

冬至是二十四节气中较为重要的一天，中国民间有祭祖、宴饮等习俗。宴饮时，餐桌上会出现饺子或馄饨。饺子源于"医圣"张仲景所制的"娇耳"，而关于馄饨也有一则传说。

ワンタンの言い伝え | 馄饨的传说

漢の時代、北方の匈奴は、しばしば中国の辺境で人々を困らせていた。匈奴には、渾と屯という二人のリーダーがいた。人々は、この二人を嫌って「わん」と「とん」を食べてしまい、平和に暮らせるように願ったのだ。

これが、ワンタンの由来についての伝説の一つだ。冬至にワンタンを食べる習慣は、代々受け継がれていった。

相传汉朝时，北方匈奴经常骚扰边疆，百姓不得安宁。当时，匈奴部落中有浑氏和屯氏两个首领，十分凶残。百姓对其恨之入骨，就取"浑"与"屯"之音，呼作"馄饨"食之，祈求和平度日。

这就是有关"馄饨"由来的传说之一。由于最初制作馄饨是在冬至这天，所以，冬至吃馄饨的习俗也就流传开来。

冬至の風習 ｜ 冬至习俗

冬至にワンタンを食べる習慣は、この他にも説がある。例えば、冬至は天地混沌の始まりを象徴しているとか、冬至にワンタンを食べると頭が良くなるという説だ。

「ワンタン」という呼び方は唐の時代に初めて決まり、「餃子」と区別されるようになった。また、冬至にワンタンを食べると記録した最も古い古文書は宋の時代のものだ。その後、中国の南方では「冬至はワンタン、夏至は麺」、北では「冬至は餃子、夏至は麺」を食べる習慣が出来た。

また、中国では冬至に羊肉や羊肉のスープを食べることが多い。漢方では、冬に羊肉を食べると体を温める効果があるとされている。

关于冬至吃馄饨的习俗，还有其他说法。比如，有的说冬至象征着天地混沌初开之时，有的说冬至吃馄饨可以变聪明。

"馄饨"这个称呼，在唐朝才被正式确定下来，并与"饺子"进行区分。关于"冬至吃馄饨"，最早的文字记载则始于宋朝。此后，出现了"冬至馄饨夏至面"的说法，北方则有"冬至饺子夏至面"的饮食习惯。

此外，不少地方在冬至有吃羊肉、喝羊汤的习俗。中医认为，冬天食用羊肉有滋补身体的功效。

旬の味・羊肉のスープ | 节气美食·羊肉汤

必要な食材 / 所需食材

羊肉、ネギ、生姜、大根、塩、料理酒

羊肉，葱，姜，白萝卜，盐，料酒

作り方 / 做法

角切りにしたラム肉を水で茹で、白っぽくなったら鍋から取り出す。また、別にお湯を沸かし、塩を適量、そして大根を入れ 3 分ほど煮る。ラム肉、生姜、ネギ、料理酒を入れ、さらに水を加えて中火で煮込む。沸騰したら火を弱め、あくを取りながら約 1 時間煮込む。大根が透明になり、ラム肉に完全に火が通ったら出来上がり。

先将切好块的羊肉冷水下锅，待羊肉表面泛白后捞起。换一锅清水煮沸后，加入适量的盐，再加入白萝卜煮3分钟。接着放入氽过的羊肉、姜片、葱结和料酒，并加入适量的清水用中火炖煮。煮沸后转小火，撇去肉末，继续煮1小时左右。待萝卜变透明且羊肉完全熟透后即可出锅。

豆知識 | 小知识

冬至は滋養にとって最も適した時期だ。羊肉は優れた滋養効果があるが、食べ過ぎには注意が必要だ。

冬至後の「三九天」、つまり3番目の9日間までは、とても寒いので、適度に運動して体の陽気を養い、免疫力を高めることが大切だ。そうすると春を迎えたあと、より健康に過ごせるはずだ。

冬至前后是进补的绝佳时期。虽然羊肉是进补佳品，但要注意不能过量食用。

冬至后的"三九天"，也就是第三个九天，天气最为严寒。建议适度运动，保持体内阳气生发并增加抵抗力。如此，可为来年开春后的健康体魄做足准备。

小寒——墙角数枝梅
しょうかん

「小寒」とは？ ｜ 何谓"小寒"？

　　元の時代の著書『月令七十二候集解』の解釈によると、小寒は暦の十二月の節気で、寒さがまだ弱いことから、小寒と名付けられた。新しい一年の最初の節気で、毎年1日5日か6日に始る。

　　中国の諺「大寒小寒、冻成一団」と言われる通り、小寒になると、気温がぐっと下がり、ほとんどの草花が木枯しに吹かれて枯れてしまう。しかし、山茶花や水仙、蝋梅などは咲き、白い冬を色鮮やかに飾ってくれる。

　　根据元代文献《月令七十二候集解》记载，小寒属于农历十二月节气，因寒气尚弱，故名"小寒"。同时，小寒也是新一年的第一个节气，一般以每年1月5日或6日为始。

　　古谚云："大寒小寒，冻成一团。"进入小寒节气，气温骤降，百花凋零，但山茶、水仙、蜡梅却竞相开放，为素色隆冬增添了一抹亮色。

漢詩を読もう｜一起读古诗

　　美しい蝋梅を見て、宋の詩人・王安石は誰もが知っている名文『梅花』を書いた。

　　踏雪寻梅的宋代诗人王安石，由此写下人尽皆知的名篇——《梅花》。

梅花 〔宋〕王安石	梅花 〔宋〕王安石
牆角数枝の梅 寒を凌いで独り自ら開く 遙かに知る是れ雪ならずと 暗香の来たる有るが為なり	墙角数枝梅， 凌寒独自开。 遥知不是雪， 为有暗香来。

小寒三候 | 小寒三候

三候/国家	中国	日本
初候/一候	雁北乡	芹乃栄 （せりすなわちさかう）
次候/二候	鹊始巣	水泉動 （しみずあたたかをふくむ）
末候/三候	雉始雊	雉始雊 （きじはじめてなく）

詩の最後の一句「为有暗香来」は、蝋梅のかすかな香りを描いている。綺麗な表現だが、残念なことに小寒の特徴を纏めた中国の「三候」にも、日本の「三候」にも蝋梅は取りあげられていない。

中国の三候は主に動物に焦点を当てて「一候雁北乡、二候鹊始巣、三候雉始雊」と書いている。日本語で説明すると、初候の「一候雁北乡」は雁が北へ向かって飛んでいくこと。北はハルビンや長春といった中国の北方ではなく、雁の故郷・シベリアを指している。

次候の「鹊始巣」はカササギが巣を作る意味だ。寒い北風から「家族」を守るため、巣の入り口はすべて南向きだ。声が綺麗で、縁起の良い鳥がこんなに賢いとは、時に天は二物を与えるものだ。

そして、末候の「雉始雊」は雄の雉が鳴き始める様子を表現する。温め合いながら冬を一緒に凌ぐ配偶者を捜すのが目的だ。こういうロマンチックさが日本の末候にも見られて、「雉始雊」として定着した。ただ、日本の初候と次候はそれぞれ「芹乃栄」と

「<ruby>水<rt>しみず</rt></ruby><ruby>泉<rt>あたたかを</rt></ruby><ruby>動<rt>ふくむ</rt></ruby>」に<ruby>変<rt>か</rt></ruby>わった。<ruby>野菜<rt>やさい</rt></ruby>の<ruby>芹<rt>せり</rt></ruby>がなぜ<ruby>小寒<rt>しょうかん</rt></ruby>の<ruby>三候<rt>さんこう</rt></ruby>に<ruby>取<rt>と</rt></ruby>り<ruby>入<rt>い</rt></ruby>れられたのかと<ruby>不思議<rt>ふしぎ</rt></ruby>に<ruby>思<rt>おも</rt></ruby>う<ruby>人<rt>ひと</rt></ruby>が<ruby>多<rt>おお</rt></ruby>いかもしれないが、<ruby>実<rt>じつ</rt></ruby>は<ruby>小寒<rt>しょうかん</rt></ruby>の<ruby>始<rt>はじ</rt></ruby>まりである<ruby>太陽暦<rt>たいようれき</rt></ruby>の<ruby>1月<rt>いちがつ</rt></ruby><ruby>5日前後<rt>いつかぜんご</rt></ruby>は、ちょうど<ruby>日本<rt>にほん</rt></ruby>のお<ruby>正月<rt>しょうがつ</rt></ruby>の<ruby>頃<rt>ころ</rt></ruby>で、<ruby>健康<rt>けんこう</rt></ruby>を<ruby>願<rt>ねが</rt></ruby>って<ruby>春<rt>はる</rt></ruby>の<ruby>七草<rt>ななくさ</rt></ruby>を<ruby>入<rt>い</rt></ruby>れた「<ruby>七草粥<rt>ななくさがゆ</rt></ruby>」を<ruby>食<rt>た</rt></ruby>べる<ruby>習慣<rt>しゅうかん</rt></ruby>がある。<ruby>芹<rt>せり</rt></ruby>はその<ruby>中<rt>なか</rt></ruby>の<ruby>一<rt>ひと</rt></ruby>つで、ナズナ、ハハコグサ、ハコベ、ホトケノザ、カブ、スズシロと<ruby>一緒<rt>いっしょ</rt></ruby>に<ruby>旬<rt>しゅん</rt></ruby>の<ruby>味<rt>あじ</rt></ruby>に<ruby>選<rt>えら</rt></ruby>ばれた。

<ruby>一方<rt>いっぽう</rt></ruby>、<ruby>中国<rt>ちゅうごく</rt></ruby>では<ruby>臘八節<rt>ろうはちせつ</rt></ruby>が<ruby>小寒<rt>しょうかん</rt></ruby>の<ruby>頃<rt>ころ</rt></ruby>に<ruby>当<rt>あ</rt></ruby>たり、<ruby>史書<rt>ししょ</rt></ruby>によると、<ruby>臘八粥<rt>ろうはちがゆ</rt></ruby>を<ruby>食<rt>た</rt></ruby>べるのが<ruby>宋<rt>そう</rt></ruby>の<ruby>時代<rt>じだい</rt></ruby>から<ruby>始<rt>はじ</rt></ruby>まったという。

诗中末句"为有暗香来"描绘了蜡梅的幽香。作为赏心悦目的植物，蜡梅自古便人见人爱，却并未入选代表小寒特征的中日两国的"三候"。

中国三候聚焦动物，"一候雁北乡、二候鹊始巢、三候雉始雊"。具体而言，一候"雁北乡"是指大雁回归北方故乡。这里的"北方"，并非是哈尔滨、长春等中国北方地区，而是大雁的故乡西伯利亚。

二候"鹊始巢"是喜鹊开始筑巢的意思。为了保护"家人"不受寒风侵袭，巢穴入口全都朝南开启。喜鹊叫声动人，名字寓意吉祥，头脑还如此聪慧，着实让人感叹造物主的偏爱。

三候"雉始雊"说的是雄性山鸡开始鸣叫，目的是寻找相互取暖、依偎过冬的配偶。有趣的是，这份浪漫在日本三候里得以延续，同为"雉始雊"。但日本的前两候则变为"芹乃荣"和"水泉动"。或许有人会感到不可思议，芹菜何以入选小寒三候之一？其实，每年的小寒始于1月5日前后，正值日本新年。日本的百姓为祈福健康，素有喝加

了春草的"七草粥"的习惯。芹菜是"七草"的一种，和荠菜、鼠曲草、繁缕、宝盖、芜菁、萝卜共同入选时令蔬菜。

而在中国，小寒期间往往恰逢腊八节，据史书记载，吃腊八粥在宋代已开始流行。

臘八粥の言い伝え | 腊八粥的传说

昔、ある夫婦は50歳を過ぎて、やっと息子を授かった。遅い子だったため、目に入れても痛くないほど甘やかした。

甘やかされて育った息子は大人になっても結婚しても、何もしない怠け者だった。老夫婦は、怠け者の息子夫婦を養うために苦労したため、とうとう死んでしまった。

その年の冬、残された米と野菜をすべて食べつくしてしまった息子夫婦は毎日、部屋の隅々を捜して雑草などを集めては、薄いお粥を作っていた。しかし、やはり寒さには勝てず、臘月の8日に、あの世へ行ってしまった。

その後、「腊八腊八、冻死一家」という物語が代々伝わった。人々は息子夫婦が作った野菜粥を真似て臘八粥を作った。それを子供に食べさせて、勤勉に働くことの大切さを教えた。

　　很久很久以前，年过五旬的老爷爷和老奶奶生了个大胖儿子，因老来得子，格外宠爱。

　　受宠的儿子成年结婚后，依然游手好闲，什么都不做。为了养活

懒惰的儿子儿媳，老爷爷和老奶奶拼命劳作，终因积劳成疾双双离世。

那年冬季，吃完剩余大米和蔬菜的儿子儿媳每日搜遍墙角，收集各种野草煮粥果腹，却仍抵不过天寒地冻，在腊月初八一命呜呼。

此后"腊八腊八，冻死一家"的故事代代相传。大家以这对夫妇的故事为鉴，用各种蔬菜制作腊八粥，腊八当日让孩子喝下，警示后代要勤劳致富。

小寒の風習 | 小寒习俗

小寒になると、気温がぐっと下がるため、子供やお年寄りなど、免疫力が低い人は寒さから胃腸を守るのが大事だ。そこで、臘八粥を始め、ピータン粥や野菜ご飯、豚のモツのスープが人気だが、どれも作り方がやや難しい。

お勧めの旬の料理は浙江台州の名物、生姜汁の茶碗蒸しだ。漢方で、生姜は身体を温め、胃を守る薬で、作り方がとても簡単だ。

进入小寒，气温骤降，对老人小孩等抵抗力偏弱的人群而言，需保护肠胃，以免寒气入侵。所以，腊八粥、皮蛋粥、菜饭、猪肚汤等暖胃食物颇受欢迎，不过制作方法稍显复杂。

而浙江台州的时令菜肴——姜汁炖蛋却值得"五星"推荐。中医将生姜视为"发汗健胃药"，制作方法也非常简单。

旬の味・生姜汁の茶碗蒸し | 节气美食・姜汁炖蛋

必要な食材 / 所需食材

卵 3 個、生姜 300g、クルミ 30g、黒糖と紹興酒少々

鸡蛋 3 个，生姜 300 克，核桃肉 30 克，红糖和黄酒少许

作り方 / 做法

生姜を洗って、お湯で 10 分間ぐらい煮て生姜汁を作っておく。クルミは弱火で炒ってから細かく切る。同じ量の黒糖を入れて混ぜる。茶碗蒸しに欠かせない具だ。3 つの卵を溶く。1 対 1 の比率で生姜汁を入れる。そして、お好みに合わせて、黒糖と紹興酒を入れればいい。黒糖は甘味を増し、紹興酒は寒気退治の効果が期待できる。よく混ぜて鍋に入れ、約 5 分間後、卵が固まったら、クルミと黒糖の具を載せ、さらに 5 分間蒸したら出来上がり。

生姜洗净后，放入水里煮 10 分钟，制成姜汁。核桃肉用小火炙烤后，细细切碎，放入等量的红糖拌匀。这是炖蛋必不可少的浇头。3 个鸡蛋打匀，以 1 比 1 的量倒入姜汁。再根据口味，添加适量的红糖和黄酒。红糖可以增加甜味，黄酒则有驱寒的效果。充分搅拌后，放入锅中蒸煮约 5 分钟，等鸡蛋凝固后，铺上红糖与核桃肉的浇头，继续蒸煮 5 分钟即可出锅。

豆知識｜小知识

　漢方では、小寒の養生法として、一つ目は、生姜、薩摩芋、豚のモツなどを食べて、常に胃腸を暖めること。二つ目は、早く寝て、少し遅く起き、陽気を蓄えること。三つ目は、よく運動すること。ジョギングや縄跳び、何でも良いので、体を動かすことで、血液の流れを促し、体の中から熱を起こすようにしよう。

　中医认为小寒养生有三法。其一，多吃生姜、红薯、猪肚等暖胃食物。其二，早睡且适当晚起，帮助体内阳气储存。其三，增强运动，慢跑、跳绳之类都可以。通过活动身体，促进血液循环，达到自主发热的目的。

大寒——腊酒自盈樽
だいかん

「大寒」とは？ | 何谓"大寒"？

二十四節気において、「冬の最後を締めくくる約半月」が大寒だ。
毎年、大体 1 月 20 日〜2 月 3 日ごろだ。

大寒とは、1 年で一番寒さが厳しくなる頃。「三寒四温」という
言葉のように、寒い日が三日続くと、その後の 4 日は暖かくなり、
寒い中にも少しだけ春の気配を感じられる。

在二十四节气中，"冬天最后的半个月"就是大寒。大寒是二十
四节气中的最后一个节气，大约在每年的 1 月 20 日至 2 月 3 日期间。

大寒就是大气寒冷到极点的意思，但就像"三寒四温"所说，寒
冷的天气持续 3 天，之后的 4 天就会转暖，这种气候交替让人们在寒
冷中也能感受到丝丝春天的气息。

漢詩を読もう｜一起读古诗

唐の丞相・元稹が書いた大寒の詩は広く伝えられ、年末の時、みんないろりを囲んで、お酒を飲むシーンを表現している。

曾官至丞相的唐代诗人元稹写的"大寒诗"描写的就是岁末寒冬，围炉煮酒的温情画面。

廿四気詩大寒十二月中を詠ず（一部）〔唐〕元稹	咏廿四气诗 大寒十二月中（节选）〔唐〕元稹
臘酒を樽に満たし 金色の竈　炭暖か 大寒　火の傍に居て 用事無ければ扉を開けず	腊酒自盈樽， 金炉兽炭温。 大寒宜近火， 无事莫开门。

大寒三候 | 大寒三候

三候/国家	中国	日本
初候/一候	鸡乳	款冬華 （ふきのはなさく）
次候/二候	征鸟厉疾	水沢腹堅 （さわみずこおりつめる）
末候/三候	水泽腹坚	雞始乳 （にわとりはじめてとやにつく）

中国では、大寒の三候は「一候鸡乳、二候征鸟厉疾、三候水泽腹坚」だ。

初候「鸡乳」は 鶏 が 卵 を産み始める頃だ。大寒以前は太陽の 光 が少ないため、雌鶏が 卵 を産むのに必要なビタミンＤなどが少ないので、卵 をあまり産まない。しかし、大寒になって日 照 時間 が長くなってくると、雌鶏は 卵 を産み始める。一方、日本の大寒 の初候は「款 冬 華」だ。凍てついた地面に、款の花が咲き始める頃 を指す。地面には雪が積もり、強い寒さが襲う時期だが、草花は春 に向けて 着 実に動き出している。

そして、次候「征鸟厉疾」の「征鸟」は 隼 のことだ。この鳥は、小さな枝をくわえて、太平洋を渡る。途 中 で疲れたら、木の枝を海 に投げて、その上に立って休んだり、魚 を捕まえて食べたりする。「厉疾」は獰猛、俊 敏 という意味で、大寒になると、鷹や 隼 は餌

を取るために獰猛になると言われている。また、日本での大寒次候
は「水沢腹堅」だ。この時期に、1年で最も低い気温になること
が多く、氷点下に達する地域も多くなる。
　中国の末候は日本の次候と全く同じで、「水沢腹堅」になる。「水沢」
は湖水、「腹」は湖水の中央、「堅」は堅固という意味だ。つまり、
大寒になると、湖の氷は湖の中央まで凍り、固くなると言わ
れている。最後の数日は湖の氷は更に厚くなる。そして、日本の
大寒末候は中国の初候と同じ、「雞始乳」だ。この時期、
鶏が春の気配を感じ、産卵する数が増えていく。

　　中国的大寒三候为"一候鸡乳、二候征鸟厉疾、三候水泽腹坚"。

　　一候"鸡乳"指的是母鸡开始下蛋。大寒节气前，光照较少，产
蛋所需的维生素 D 等元素不太充足，导致母鸡不怎么下蛋。进入大寒
后，光照增加，母鸡就开始下蛋了。日本的一候是"款冬花茎初萌芽"，
意即冰封的地面上，款冬花开始绽放。虽然此时地面仍有积雪，寒气
逼人，但"心急"的花草却偷偷"探出头来"，盼望春天的气息。

　　再说二候"征鸟厉疾"。征鸟指的是鹰和隼，它们可以叼着小截
树枝，飞越太平洋。中途累了，就把树枝丢进海里，立到上头休息片
刻，饿了还能随时捕食鱼虾。"厉疾"一词意为凶猛敏捷。大寒时节，
为了捕食，鹰和隼会变得更加凶狠。而日本的二候则是"水泽腹坚"，
此时多是全年最冷的几天，不少地方的气温会降至零度以下。

　　中国的三候和日本的二候完全相同，同为"水泽腹坚"。"水泽"
指的是湖水，"腹"指的是湖水中央，"坚"是坚固的意思。到了大

寒时节，湖面上的冰会结到湖中央，整个冰面变得非常坚固，后面几天则会更坚固。日本的三候是"鸡始乳"，和中国的一候相同。此时，因为感受到春的气息，开始下蛋的母鸡变多了。

福徳正神の言い伝え | 福德正神的传说

　周の時代、張福徳という召使がいた。善良で純朴で、主人から信頼されていた。

　ある時、主人が遠い所に異動する命令を受けた。異動した数日後、幼い娘に会えないのを寂しく思い、張福徳に娘を異動先まで連れて来るように言った。張福徳は、主人の幼い娘を連れて、千キロを越える道のりに旅立った。

　道中、大寒の時期に当たり、吹雪に遭った。冷たい風の中で、張福徳はしっかりと主人の娘を懐に入れて守り、最後は娘を救うために自分の生命を犠牲にした。

　主人はその忠誠に感動し、張福徳の名で寺を建て、彼を祭った。後に張福徳は「福徳正神」と呼ばれるようになった。

相传，周朝有位家仆叫张福德，善良淳朴，颇受主人信赖。

某次，主人奉命到偏远地区赴任。数日后，日日思念幼女的他，捎信让家仆张福德把女儿带来。于是，张福德便带着主人的爱女，踏上了千里寻父的旅程。

此时正值全年中最冷的大寒节气,他们在赶路途中遭遇了暴风雪。在寒风中,张福德将主人的爱女牢牢护在怀中,最终自己冻死在严寒中。

主人感念其忠诚,为他建庙祭祀。此后,人们将其尊为"福德正神"。

大寒の風習 | 大寒习俗

大寒の寒い時期、健康に役立つ果物がある。それは、この時期が旬のミカンだ。ミカンにはビタミンCが多く含まれていて、風邪の予防や咳止め効果がある。また、フルーツのなかで、カリウムが多く、健康に良い。

大寒节气天寒地冻,有助于健康的水果要数应季的橘子。橘子富含维生素C,有预防感冒和止咳的效果。另外,在水果中,橘子的钾含量较高,对健康有益。

旬の味 · 白キクラゲとミカンのデザート | 节气美食 · 银耳橘子汤

必要な食材 / 所需食材

白キクラゲ 200g、棗 10 個、みかん 1 個、氷砂糖適量

白木耳 200 克，红枣 10 颗，橘子 1 个，冰糖适量

作り方 / 做法

まず、白キクラゲを洗ってからヘタを取り除く。そして、小さく切っておく。また、棗の種を取り除き、半分に切る。ミカンは皮をむいておく。鍋に白キクラゲとナツメを入れて、約 15 分間煮る。その後、氷砂糖を加えて味を整える。そして、みかんを入れて、20 秒ほど煮たら火を止める。これで完成だ。棗は大量のビタミン B を含み、血液の循環を促進する。白クラゲは繊維が多く、食欲増進に役立つ。みかんを入れることで、便通にも良い効果が期待できる。

白木耳泡发、洗净并去硬蒂，切小块备用。将红枣对半切开，去核。橘子剥皮备用。将白木耳和红枣放入砂锅中，大约煮 15 分钟。加入冰糖调味，再将橘子放入锅中，快煮 20 秒熄火，即可食用。红枣内含大量维生素 B，可促进血液循环。银耳富含纤维，可增进食欲。加入橘子，则具有润肠通便的功效。

豆知識 | 小知识

　このほか、大寒は寒さを利用した食べ物があって、例えば凍り豆腐、凍り梨、お酒などだ。

　冷たい冷気は「寒邪」となって体の中に入り、風邪や関節の痛み、手足の冷え、胃腸の不調などを引き起こす。そのため、陽気を補うため、体を温めるものや滋養強壮に効くものを摂るようにしよう。

　　除此之外，大寒时节在中国北方还有不少"冰冻食物"，如冻豆腐、冻梨酒等。

　　冬季寒气会变成"寒邪"进入体内，引起感冒、关节疼痛、手脚发凉、肠胃不适等症状。为了补充阳气，不妨多吃些能暖身、滋补的食物。

后记

2022 年初，北京冬季奥运会开幕式上的"二十四节气倒计时"节目精彩纷呈，让全世界观众领略到中华民族历史悠久的节气文化和农耕智慧。一时间，二十四节气成为国人津津乐道的热门话题，也成了中外媒体竞相报道的"香饽饽"选题。

二十四节气早在 6 世纪中叶，就从中国传入日本，可谓家喻户晓。因此，"樱花国"的记者们自然对其青睐有加。撰稿时，每每遇上难点疑点，便会找我这个略懂日语的中国记者详细确认。

"中国农民还在依靠节气指导农事吗？"

"古人定的'三候'现在还准吗？"

"学校教科书里有节气相关的内容吗？"

疑惑之多，难度之高，总能把我"逼入绝境"。"采访中，晚些详聊。"

用手机留言后,便和同事、实习生们进入争分夺秒的"临时抱佛脚"模式。

查资料、做笔记、发短信……如此循环往复。

鉴于学生时代就有未雨绸缪的"老毛病",任何事情不来个"举一反三"的万全准备总不放心。于是,除日本记者的提问内容外,节气相关的诗歌、传说、谚语、时令菜谱等周边资料越查越多,笔记越写越厚,不知不觉间竟变成一本"百科事典"。遇上发问,随手一查便知。

"原来如此! 你们太博学了!"

"节气传说真有意思!"

"还有什么菜适合立春吃吗?"

面对日本同行的夸赞,欣喜之余,不禁得寸进尺地异想天开起来:既然邻邦也有节气的文化渊源,大家对此又兴趣正浓,何不趁热打铁,做个电视专题深入解读?

"创新创意必须鼓励。"领导的回答很果断。

正因为有了上海广播电视台融媒体中心的全力支持,电视板块《节气里的中国》的拍摄、制作才能快速启动。开播半年后,又在上海交通大学出版社的倾力协助下,以双语图书《时节之美:二十四节气里的中国》的形式付梓,在此一并表示感谢。

当然,由于学识有限,加之中日语言表达习惯上的差异,本书很难涵盖二十四节气的所有知识点,翻译表达上也无法做到一一对应;又因本书脱胎于此前播出的电视节目,后几经调整润色,力求表达上更为严谨,符合图书出版规范,故视频内容与书中内容存在些许差异,

敬请读者理解。但正如小满节气的古谚所云"何须多虑盈亏事，终归小满胜万全"，当下的小小缺憾，也是为了激发动力，助力未来得万全。

节气如此，著书如此，人生亦然。

沈林

上海广播电视台《中日新视界》记者

《节气里的中国》编导